Digambar Singh
S.L. Soni
Dilip Sharma

# Estudos experimentais sobre combustível misturado com pinhão-manso e gasóleo com antioxidante

**Digambar Singh**
**S.L. Soni**
**Dilip Sharma**

# Estudos experimentais sobre combustível misturado com pinhão-manso e gasóleo com antioxidante

**ScienciaScripts**

**Imprint**

Any brand names and product names mentioned in this book are subject to trademark, brand or patent protection and are trademarks or registered trademarks of their respective holders. The use of brand names, product names, common names, trade names, product descriptions etc. even without a particular marking in this work is in no way to be construed to mean that such names may be regarded as unrestricted in respect of trademark and brand protection legislation and could thus be used by anyone.

Cover image: www.ingimage.com

This book is a translation from the original published under ISBN 978-620-2-07102-4.

Publisher:
Sciencia Scripts
is a trademark of
Dodo Books Indian Ocean Ltd. and OmniScriptum S.R.L publishing group

120 High Road, East Finchley, London, N2 9ED, United Kingdom
Str. Armeneasca 28/1, office 1, Chisinau MD-2012, Republic of Moldova, Europe
Printed at: see last page
**ISBN: 978-620-8-25841-2**

**RECONHECIMENTO**

Gostaria de exprimir a minha sincera gratidão ao **Prof. S.L. Soni,** pela sua inestimável orientação, pelos seus conselhos e pelo seu empenhamento em proporcionar-me a orientação. S.L. Soni, pela sua orientação inestimável, pelos seus conselhos e pelo seu empenhamento em proporcionar-me orientação. Ele proporcionou um encorajamento constante e um entusiasmo incessante em todas as fases do trabalho de dissertação. Estou-lhe muito grato pela sua generosidade e por me ter prestado a maior ajuda possível sempre que necessário.

**Dilip Sharma, do** Departamento de Engenharia Mecânica, pelo seu apoio constante e pelo esclarecimento das minhas dúvidas durante o meu trabalho de investigação.

**G.S. Dangayach,** Diretor do Departamento de Engenharia Mecânica, MNIT, Jaipur, por me ter dado todo o apoio possível.

Quero exprimir a minha profunda gratidão ao **Dr. G.D. Agrawal,** ao **Dr. Nirupam Rohatagi** e ao **Prof. Jyotirmay Mathur** por me terem dado a direção certa durante o projeto.

Estou igualmente grato ao pessoal técnico, **Sr. Pushpendra Sharma, Sr. Ramesh Chand Meena, Sr. Kolahal Prasad e Sr. Mahaveer, do** laboratório de Engenharia Mecânica, por terem prestado todo o tipo de ajuda durante o meu trabalho de dissertação.

Estou também imensamente grato ao **Sr. Animesh K. Srivastava,** ao **Sr. Amit Jhalani,** ao **Vinit Sharma** e à **Deepika Kumari** pela sua ajuda sincera e apoio moral durante todo o trabalho.

Por último, mas não menos importante, agradeço a todos os que me ajudaram direta ou indiretamente na realização do trabalho de dissertação.

# RESUMO

Biodiesel - gasóleo produzido a partir de matérias animais ou vegetais. Os veículos que utilizam biodiesel emitem menos poluentes em comparação com o gasóleo. O biodiesel é um combustível renovável, composto por ésteres metílicos (ou etílicos) de ácidos gordos, produzidos pela reação de transesterificação entre óleos vegetais ou gorduras animais e metanol (ou etanol). Os óleos vegetais podem ser utilizados como combustível alternativo em motores diesel. Quando os óleos vegetais são utilizados diretamente como combustível, são designados por óleos vegetais simples. Os óleos vegetais simples (SVO) têm propriedades de combustão mais limpas do que o gasóleo. Se optarmos por SVO, reduzimos as emissões de partículas, CO e HC, mas as emissões de NOx aumentam ligeiramente com SVO em comparação com o gasóleo.

A utilização de antioxidantes é um dos melhores métodos para reduzir a formação de NOx. O objetivo deste trabalho é o estudo experimental de um motor CI monocilíndrico estacionário de 3,5kW de potência nominal, operado com combustível misturado com Jatropha-Diesel com antioxidante p-fenilenodiamina para minimizar a emissão de NOx. A utilização de antioxidantes é uma das melhores técnicas. Quando o antioxidante é utilizado, doa um eletrão ou um átomo de hidrogénio ao radical livre para inibir o processo oxidativo que é a principal causa da formação de NOx. O antioxidante actua reduzindo a concentração de radicais reactivos, quelando o catalisador de metal de transição, eliminando os radicais iniciadores e quebrando as reacções em cadeia. Este relatório contém o estudo do efeito do antioxidante de várias concentrações nas emissões do motor que funciona em várias gamas de carga. Com diferentes concentrações de antioxidante (0,005%, 0,015%, 0,025%, 0,035% e 0,05% em massa), a emissão de NOx diminui em diferentes condições de carga, mas as emissões de HC e CO aumentaram ligeiramente. A redução máxima das emissões de NOx foi encontrada com uma mistura de 10% e com a concentração de 0,025% em massa de antioxidante.

# Conteúdo

# Lista de abreviaturas

SVO - Straight Vegetable Oil

BD - Blend of Diesel and Jatropha

IC - Internal Combustion Engine

PM - Particulate Matter

CO- Carbon Mono Oxide

HC- Hydrocarbon

CV - Calorific Value

LPG- Liquid Petroleum Gas

CNG - Compressed Natural Gas

GHG - Green House Gas

CI- Compression Ignition

SI - Spark Ignition

# CAPÍTULO 1

**Introdução**

O caminho para a sustentabilidade energética inclui a adoção gradual de tecnologias, práticas e políticas disponíveis que satisfaçam as necessidades energéticas da população atual sem comprometer a capacidade das gerações futuras de satisfazerem as suas necessidades energéticas. Todos os países estão a trabalhar para se tornarem sustentáveis do ponto de vista energético, uma vez que a energia é a entidade básica para a sobrevivência do ser humano. Um país em desenvolvimento como a Índia, que tem uma população muito grande, necessita de energia para o seu desenvolvimento global. A Índia esforça-se por resolver problemas relacionados com a energia, como a segurança do aprovisionamento energético, o controlo das emissões, a economia e a conservação da energia no país, etc. Para o seu desenvolvimento, um país consome energia nos sectores agrícola, industrial, dos transportes e residencial. Na Índia, o sector dos transportes representa uma percentagem elevada do seu consumo global de energia.

O sector emergente dos transportes suscita um grande alarme devido ao esgotamento contínuo dos combustíveis fósseis e ao aumento das emissões nocivas provenientes dos veículos. O número de veículos está a aumentar de dia para dia, o que está a contribuir de forma significativa para a degradação da qualidade do ar nos reinos urbanos, bem como a nível global. Devido à elevada densidade de potência, os motores de combustão interna são amplamente utilizados nos transportes e como fonte de energia estacionária. O esgotamento contínuo das reservas de petróleo e as normas de emissão rigorosas em vigor estimularam os investigadores a desenvolver e instigar combustíveis alternativos para automóveis, com o objetivo de diminuir as emissões globais e reduzir o consumo de combustíveis como a gasolina e o gasóleo.

## 1.1 Antecedentes

A Índia é um país em desenvolvimento que regista uma tendência crescente de produção de petróleo bruto. A produção de petróleo bruto da Índia foi de 772,08 mil barris por dia em 2013[19]. O petróleo bruto é uma mistura de hidrocarbonetos que ocorre no estado líquido em reservas naturais subterrâneas. É passado através de instalações de separação de superfície e permanece na fase líquida à pressão atmosférica após a passagem. Consoante as caraterísticas, o petróleo bruto pode também ser constituído por pequenas quantidades de hidrocarbonetos que se encontram no estado gasoso em reservas naturais subterrâneas, mas que são líquidos à pressão atmosférica, pequenas quantidades de não hidrocarbonetos (enxofre e vários metais) produzidos com o petróleo, gases de gotejamento e hidrocarbonetos líquidos produzidos a partir de areias betuminosas, areias petrolíferas, gilsonite e xisto betuminoso. O petróleo bruto é tratado para obter uma vasta gama de produtos petrolíferos, que inclui óleo de aquecimento, gasolina, gasóleo, combustíveis para aviões, asfalto, lubrificantes, etano, propano e butano e muitos outros produtos que são utilizados pelo seu conteúdo energético ou químico. O Apêndice A mostra os dados de produção de petróleo bruto da Índia de 1980 a 2013.

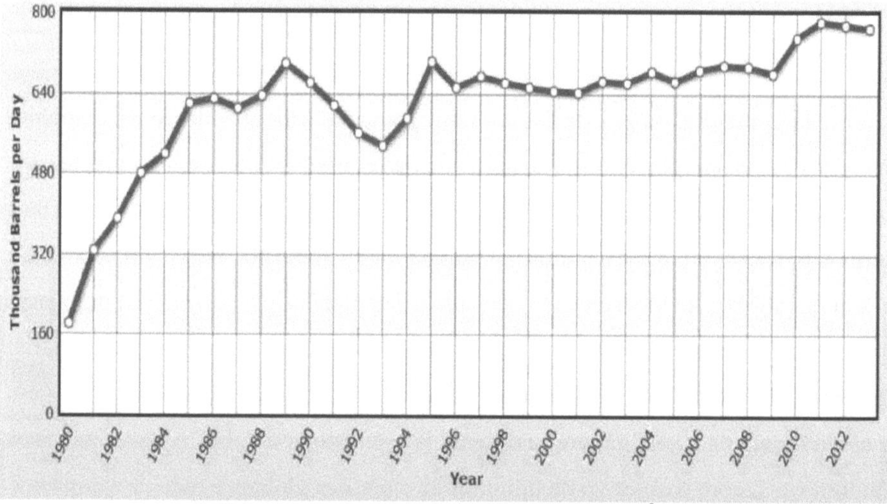


Figura 1.1 Produção de petróleo bruto da Índia por ano [19]

O consumo de petróleo bruto da Índia registou uma tendência crescente, com um valor de 3509,00 mil barris por dia em 2013 [20]. Os dados mostram claramente que houve uma diferença na produção e no consumo de petróleo bruto, pelo que o petróleo bruto também foi importado nessa época e continua a sê-lo atualmente. Como revelam os dados, a Índia depende fortemente das importações de petróleo bruto, que representam cerca de 34% do total das remessas internas. A Índia importa 80% da sua procura de petróleo. Atualmente, a Arábia Saudita é o maior fornecedor de petróleo bruto à Índia. Depois da Arábia Saudita, a Índia importa o máximo de petróleo bruto do Iraque, Nigéria, Venezuela e Irão, respetivamente. Em 2010-11, o Irão foi o 2nd maior fornecedor de petróleo bruto da Índia, a seguir à Arábia Saudita. A Índia reduziu as suas compras ao Irão em 2012-13 porque os países ocidentais impuseram sanções ao Irão. Depois disso, a Índia limitou os seus fornecimentos de petróleo bruto do Irão. O Apêndice B mostra os dados de consumo de petróleo bruto da Índia de 1980 a 2013.

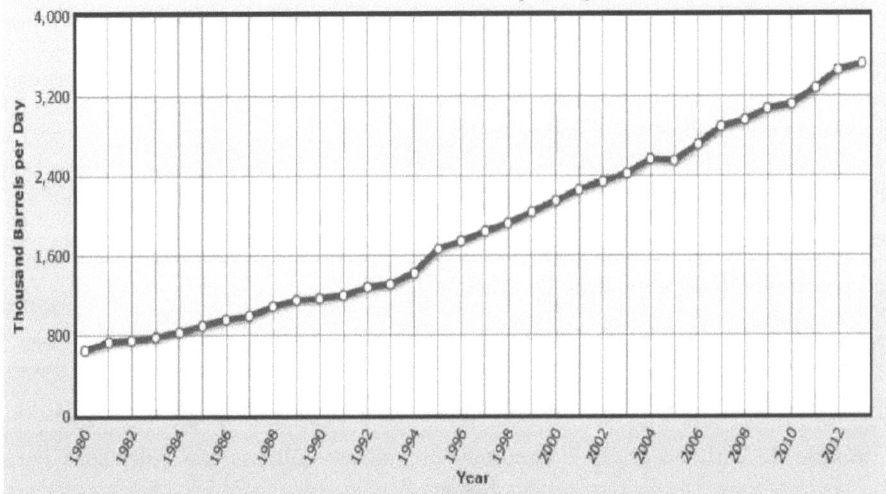


Figura 1.2 Consumo de petróleo bruto da Índia por ano [20]

## 1.2 Combustíveis alternativos

Os combustíveis alternativos são aqueles que não são substancialmente derivados do petróleo e produzem segurança energética e benefícios ambientais significativos. Os combustíveis alternativos que são utilizados nos motores para abastecimento de combustível são:

### 1.2.1 Álcool

Embora os combustíveis convencionais sejam os recursos energéticos dominantes na atual era moderna, o álcool é um combustível que tem sido utilizado ao longo da história. Os quatro álcoois alifáticos (metanol, etanol, propanol e butanol) são de grande interesse como combustíveis alternativos porque podem ser produzidos biológica ou quimicamente e as suas caraterísticas permitem a sua utilização em motores atualmente em funcionamento [18]. Todos os quatro álcoois têm um elevado índice de octanas, o que aumenta a eficiência do combustível e compensa em grande medida a menor densidade energética dos combustíveis à base de álcool. Assim, a sua economia de combustível é comparável em termos de distância por volume (quilómetros por litro, ou milhas por galão).

O metanol e o etanol podem ser sintetizados a partir de combustíveis fósseis, biomassa ou dióxido de carbono (CO2) e água ($H_2$ O). O etanol tem sido produzido por fermentação de açúcares e o metanol tem sido produzido por gás de síntese.

A) Economia de combustível e desempenho

Um litro de gasolina contém mais energia do que um litro de etanol. Por este motivo, a economia de combustível é menor para o etanol. A quantidade de diferença de energia varia de acordo com a composição da mistura.

B) Emissões

O dióxido de carbono ($CO_2$) é gerado quando o etanol é queimado, o que é compensado pelo dióxido de carbono ($CO_2$) capturado quando as culturas são cultivadas para produzir etanol. No

Por outro lado, o petróleo é formado a partir de plantas que cresceram há milhões de anos. Com base numa análise do ciclo de vida, as emissões de gases com efeito de estufa são reduzidas, em média, em 40% com o etanol à base de COM produzido a partir de moinhos secos, e até 108% se forem utilizadas matérias-primas celulósicas, em comparação com a produção e utilização de gasolina [18].


### 1.2.2 Biodiesel

O biodiesel é um combustível renovável que pode ser produzido internamente a partir de óleos vegetais e gorduras animais. As propriedades físicas do biodiesel são semelhantes às do gasóleo de petróleo, mas é um combustível de combustão limpa em comparação com o gasóleo.

A) Economia de combustível e desempenho

O biodiesel tem um valor calorífico baixo em comparação com o gasóleo de petróleo, pelo que tem menos eficiência e potência em comparação com o motor a gasóleo. O consumo de combustível é também mais elevado em comparação com o combustível convencional, ou seja, o gasóleo. O biodiesel melhora a lubrificação do combustível e aumenta o número de cetano do combustível. O lubrificante do combustível é necessário no motor a gasóleo para evitar que as peças móveis se desgastem prematuramente [18].

Tabela 1.1 CV e índice de cetano para biodiesel de óleo de palma, biodiesel de pinhão-manso e gasóleo [27]

| Sr. No. | Fuel | Calorific Value (kJ/kg) | Cetane Number |
|---------|------|-------------------------|---------------|
| 1. | Palm Oil Biodiesel | 36764 | 61.5 |
| 2. | Jatropha Oil Biodiesel | 39340 | 58.4 |
| 3. | Diesel | 43400 | 51.5 |

A potência do motor diminuirá com o aumento do teor de biodiesel. Por exemplo, Carraretto et al. verificaram que o aumento da percentagem de biodiesel nas suas misturas com gasóleo resultava numa ligeira diminuição da potência e do binário em toda a gama de velocidades para diferentes misturas (B20, B30, B50, B70, B80 e B100) de biodiesel num motor diesel de 6 cilindros DI. Aydin et al. verificaram que o binário era reduzido com o aumento do CSOME (éster metílico de óleo de semente de algodão) nas misturas (B5, B20, B50, B75 e B100). Isto deveu-se ao menor poder calorífico e à maior viscosidade do CSOME. Murillo et al. relataram que, ao aumentar a quantidade de biodiesel no combustível, diminuiu a potência do motor num motor diesel de um cilindro, a quatro tempos, DI e NA [22].

B) Emissões

A utilização de biodiesel no motor diesel reduz significativamente as emissões de partículas, HC e CO e é acompanhada de um aumento das emissões de $NO_X$ em comparação com os motores diesel convencionais sem ou com poucas modificações. Além disso, ajuda a reduzir o depósito de carbono e o desgaste das peças principais do motor. Por conseguinte, o biodiesel com um pequeno teor em vez de gasóleo de petróleo pode ajudar a manter a poluição atmosférica a um nível baixo e a aliviar a pressão sobre os recursos convencionais sem afetar significativamente a potência e a economia do motor [24] [25].

O biodiesel reduz as emissões de gases com efeito de estufa (GEE) porque o dióxido de carbono libertado na combustão do biodiesel é compensado pelo dióxido de carbono absorvido durante o cultivo da matéria-prima. A utilização de Bl00 reduz as emissões de dióxido de carbono (CO2) em mais de 75% em comparação com o gasóleo convencional. A utilização de B20 reduz as emissões de dióxido de carbono ($CO_2$ ) em 15% [35].

**1.2.3 . GPL (gás de petróleo liquefeito)**

O GPL é uma mistura de muitos gases com proporções variáveis. Os principais constituintes do GPL são o propano (C $H_{38}$ ) e o butano (C4H10) com pequenas quantidades de propano ($C_3$ $II_8$ ), vários butanos (C4H8 ), iso-butano e pequenas quantidades de etano ($C_2$ $II_6$ ) [27].

A) Economia de combustível e desempenho

O GPL (gás de petróleo liquefeito) nos locais das infra-estruturas primárias custa menos por litro do que a gasolina. Proporciona uma autonomia de condução comparável à do combustível convencional. O GPL (Gás de Petróleo Liquefeito) tem um índice de octanas mais elevado do que a gasolina e fornece potencialmente mais cv (cavalos de potência), mas tem resultado numa menor economia de combustível.

Tem caraterísticas de baixo teor de carbono e de baixa contaminação do óleo, o que resultou num aumento da vida útil do motor em comparação com os motores a gasolina convencionais. A mistura de combustível e ar no caso do GPL é completamente gasosa, o que reduz o problema do arranque a frio que está associado aos combustíveis líquidos [33] [35].

B) Emissões

O GPL, em comparação com os veículos alimentados a gasóleo e gasolina convencionais, gera menores quantidades de poluentes atmosféricos prejudiciais e de gases com efeito de estufa (GEE). As emissões dependem principalmente do tipo de veículo, do ciclo de condução e da calibração do motor.

**1.2. 4Gás natural**

O gás natural é um combustível gasoso produzido internamente. Está facilmente disponível através da infraestrutura de serviços públicos e é um combustível alternativo de queima limpa. Deve ser comprimido ou liquefeito para utilização em veículos.

A) Economia de combustível e desempenho

Os veículos a gás natural (GNV) são quase semelhantes aos veículos a gasolina no que respeita à potência, aceleração e velocidade de cruzeiro. A autonomia dos veículos a gás natural é inferior à dos veículos a gasolina. Isto deve-se ao facto de, ao utilizar gás natural, poder ser armazenada uma menor quantidade de energia num depósito do mesmo tamanho, em comparação com a gasolina. A utilização de depósitos adicionais de gás natural ou de GNL (gás natural liquefeito) permite aumentar a autonomia.

Pode ser utilizado com uma taxa de compressão mais elevada e tem um elevado índice de octanas, o que resulta num funcionamento mais suave do motor em comparação com a gasolina convencional. Nos veículos pesados, os motores bicombustível, de ignição por compressão ou de ignição por compressão (IC) são ligeiramente mais eficientes em termos de consumo de combustível do que os motores de ignição por faísca (SI) a gás natural. Um motor bicombustível aumenta a complexidade do sistema de armazenamento de combustível, uma vez que exige o armazenamento de dois tipos de combustível [29].

B) Emissões

O gás natural tem baixas emissões em comparação com os combustíveis convencionais. De acordo com o modelo Greenhouse Gases, Regulated Emissions, and Energy Use in Transportation (GREET) do Argonne National Laboratory, os veículos ligeiros que funcionam a gás natural podem reduzir as emissões de gases com efeito de estufa (GEE) do ciclo de vida em 6% a 11%. Para além disso, os veículos que utilizam GNC não produzem emissões evaporativas porque os sistemas de combustível de GNC são completamente selados nesses veículos [29] [33] [35].

## 1.2.  5Hidrogénio

O hidrogénio pode ser obtido a partir de muitas fontes; a mais comum é a divisão da água ou a eletrólise. A eletrólise requer eletricidade para dividir a água. A eletricidade pode ser gerada a partir de combustíveis fósseis, carvão, gás natural, biomassa, técnicas solares térmicas, gases de escape de motores, combustíveis nucleares e outras técnicas de energia renovável, como a energia solar fotovoltaica, hidráulica e eólica. A captação da luz solar para a produção de eletricidade por eletrólise está a ganhar popularidade. A captação de energia solar é adequada para países como a Índia. Isto também conduz a um combustível verde proeminente.

a)  Economia de combustível e desempenho

O hidrogénio encontra-se no estado gasoso, o que reduz o funcionamento do arranque a frio. Tem as seguintes propriedades

a)  Menor energia mínima de ignição

b)  Maior velocidade de combustão

c)  Maior difusividade

d)  Maior poder calorífico

e)  Índice de octanas mais elevado

f)  A gama de inflamabilidade mais ampla (4-75%) e a capacidade de tolerar diluentes proporcionam uma maior eficiência global do motor quando utilizado com motores a diesel e a gasolina, o que torna a sua utilização especialmente em motores de alta velocidade. Funciona com misturas ar-combustível mais pobres do que a quantidade estequiométrica teórica, o que melhora a economia de combustível do sistema. O hidrogénio tem um índice de octanas elevado, o que torna os motores a hidrogénio menos susceptíveis a choques do que os motores a gasolina. Tem uma temperatura de auto-ignição elevada (585 °C), pelo que, no caso dos motores a gasolina que funcionam com hidrogénio puro, podem ser utilizados um misturador de gás e um injetor de gás para introduzir o combustível na câmara de combustão e inflamá-lo com as velas de ignição. Como o hidrogénio tem uma temperatura de auto-ignição elevada, nos motores diesel, é necessário injetar um combustível piloto (diesel 10-30%) [29].

b) Emissões

O hidrogénio tem propriedades químicas e físicas que o tornam um bom substituto da gasolina (SI) e do gasóleo (CI) nos motores de combustão interna. É um combustível limpo e não emite hidrocarbonetos (HC), monóxido de carbono (CO), dióxido de carbono (CO2), óxidos de enxofre, compostos orgânicos voláteis e partículas (PM) porque não tem teor de carbono, o que está relacionado com a maioria dos combustíveis fósseis. Os veículos eléctricos a pilhas de combustível movidos a hidrogénio não emitem substâncias nocivas. Apenas emitem água ($H_2O$) e ar quente. Nos motores, podem formar-se pequenas quantidades de hidrocarbonetos e óxidos de carbono devido à combustão de óleos lubrificantes [33] [35].

### 1.3 Óleo vegetal simples

O óleo vegetal puro não contém petróleo, mas pode ser misturado a qualquer nível com gasóleo de petróleo para criar uma mistura. Pode ser utilizado em motores de ignição por compressão (diesel) com poucas ou nenhumas modificações. O SVO pode ser utilizado como combustível puro ou misturado com petróleo em qualquer percentagem. O B20 (uma mistura de 20 por cento em volume de SVO com 80 por cento em volume de gasóleo de petróleo) demonstrou benefícios ambientais significativos.

O biodiesel está registado como combustível e aditivo de combustível junto da EPA e cumpre as normas de gasóleo limpo estabelecidas pelo California Air Resources Board (CARB). O biodiesel puro (100 por cento) foi designado como um combustível alternativo pelo Departamento de Energia (DOE) e pelo Departamento de Transportes dos EUA (DOT).

### 1.3.1 Jatropha SVO

De acordo com a Política Nacional de Biodiesel de 2008, o governo da Índia pretende que 20% do consumo de gasóleo provenha de plantas. Para atingir este objetivo, temos de cultivar as plantas de biodiesel em 140 000 km de terra, atualmente na Índia as plantas produtoras de combustível cobrem menos de 5 000 km$^2$ A planta mais cultivada para a produção de biodiesel na Índia é a "JATROPHA". O Dr. Kalam foi um dos grandes defensores do cultivo da Jatropha para a produção de biodiesel. De acordo com as estatísticas do Dr. Kalam, temos de utilizar 300.000 km dos 600.000 km de terrenos baldios na Índia para o cultivo de Jatropha.

- É uma planta exótica para a Índia e é uma espécie nativa do México e da América Central. Na Índia, acredita-se que tenha sido introduzida por navegadores portugueses no século 16th .

**Nomes comuns** : Ratanjyot, rede de purga, pinhão manso.

**Nome botânico** : *Jatropha curcas*

**Família** : Euphorbiaceae

**Disponibilidade** : Em toda a Índia (principalmente nas zonas secas/tropicais)

**Caraterísticas** : Pequena árvore ou arbusto, (3-5 m de altura), casca lisa e gordurosa que exsuda látex aquoso de cor esbranquiçada quando cortada e grandes folhas verdes a verde-pálidas (caducas), alternativas mas apicalmente agrupadas

**Período de gestação** : Menos de um ano (mínimo entre todas as sementes oleaginosas arbóreas)

**Vida produtiva**: 30-35 anos.

Tabela 1.2 Propriedades diversas da mistura de Jatropha com gasóleo

| Property | Diesel | Jatropha oil | B5 | B10 | B15 |
|---|---|---|---|---|---|
| Density (kg/l) At $30^0C$ | 0.838 | 0.944 | 0.8433 | 0.8486 | 0.8539 |
| Kinematic Viscosity at $30^0C$ [x10^(-2) strokes] | 4-8 | 52.76 | 8.333 | 10.676 | 13.677 |
| Cetane number | 40-45 | 38 | 42.275 | 42.05 | 41.826 |
| Flash point in $^0C$ | 45-60 | 210 | 60.375 | 68.25 | 77.152 |
| Calorific value (kJ/kg) | 43400 | 39340 | 43197 | 42994 | 42791 |

### 1.3.2 Por que a Jatropha?

É fácil cultivar a jatrofa, que pode crescer em todas as condições climáticas e solos, pelo que é cultivada na maioria dos locais. O cultivo do pinhão-manso é menos dispendioso e a maior parte das variedades de sementes de pinhão-manso estão disponíveis a baixo custo. A percentagem de rendimento é elevada e a extração de óleo também é máxima. O pinhão-manso proporciona uma taxa de produção mais elevada do que qualquer outra cultura. É muito fácil manter a planta de pinhão-manso mesmo na fase de plântula.

O pinhão-manso é uma cultura ideal entre as culturas de biodiesel pelas seguintes razões

a) Resistente à seca

b) A planta de Jatropha tem a capacidade de crescer bem em solos pobres e inférteis, em zonas marginais e pode resistir a qualquer tipo de clima

c) Necessita de pouca água e manutenção

d) A planta pode ser colhida durante cerca de 50 anos

Vantagens da planta de Jatropha

a) Sementes de baixo custo

b) Elevado teor de óleo

c) Pequeno período de desenvolvimento

d) Cresce em solo bom e em solo degradado

e) Cresce em zonas de baixa e alta pluviosidade

f) Não necessita de qualquer manutenção especial

g) Pode ser colhido em épocas não chuvosas

h) O tamanho da planta facilita a recolha de sementes

i) São desenvolvidos vários produtos utilizando uma única planta de jatropha. Os produtos incluem biodiesel, sabão, repelente de mosquitos e fertilizante orgânico.

### 1.3.3 NÃO$_X$ formação:

a) Os factores que fazem com que os motores diesel funcionem de forma mais eficiente do que os motores a gasolina também fazem com que funcionem a uma temperatura mais elevada. Isto leva à criação de óxidos de azoto ($NO_X$ ).

b) O combustível em qualquer motor é queimado com ar extra e parte do oxigénio é utilizado para queimar o combustível.

c) Quando as temperaturas máximas são suficientemente elevadas durante longos períodos de tempo, o azoto e o oxigénio do ar combinam-se para formar óxidos de azoto.

d) Estes são normalmente designados coletivamente por "$NO_X$ ".

**Técnicas de redução de nox:**

1. Para reduzir os $NO_X$ , o motor deve funcionar a uma temperatura inferior à temperatura normal.

2. A redução da temperatura dos cilindros pode ser conseguida de três formas.

   a) Enriquecimento da mistura ar-combustível

   b) Reduzir a taxa de compressão e retardar os tempos de ignição

   c) Reduzir a quantidade de oxigénio na garrafa

## 1.4 Aditivos para combustíveis

Até à última parte do século XX, a utilização de aditivos para o gasóleo era escassa ou nula. Devido à versatilidade e robustez do motor diesel, o gasóleo adequado podia ser produzido a partir de uma mistura de componentes de destilação atmosférica direta. Quando um refinador tinha necessidade de orientar a sua produção para a gasolina, o reservatório de gasóleo podia frequentemente ser complementado com gasóleos de craqueamento provenientes do processo de refinação da gasolina. Como os níveis de enxofre dos combustíveis foram gradualmente reduzidos, pode ser necessário um processamento adicional, dependendo da fonte de petróleo bruto. Com o aumento da procura de combustível, a mudança

Com o aumento da procura de misturas e especificações mais rigorosas, os processos de refinação mudaram e, com eles, a utilização de aditivos para gasóleo. Embora não exista uma definição rigorosa do que constitui um aditivo, por oposição a um componente de mistura, é geralmente aceite que um aditivo é algo adicionado a menos de 1% p/p (ou seja, 10 000 mg/kg ou 10 000 ppm). Para aumentar o rendimento do gasóleo, o refinador tem de cortar mais fundo na matéria-prima em bruto, o que exige a utilização de melhoradores de fluxo para restaurar o desempenho do combustível a baixa temperatura. Com a crescente procura de uma melhor qualidade de ignição e o aumento das especificações do número de cetano, a utilização de aditivos melhoradores de ignição também aumentou. Com o aumento da legislação que especifica níveis ultrabaixos de enxofre nos combustíveis, a capacidade do gasóleo para lubrificar o equipamento de injeção de combustível diminuiu, o que exigiu a utilização de aditivos de lubricidade. Os aditivos discutidos neste documento podem ser categorizados da seguinte forma:

- Aditivos para manuseamento e distribuição de combustível

  o Aditivos de operacionalidade a baixa temperatura

  - Melhoradores de fluxo
  - Aditivos anti-sedimentação de cera
  - Depressores do ponto de nuvem
  - Aditivos de degelo

  o Outros aditivos para o manuseamento de combustíveis

  - Aditivos anti-espuma
  - Aditivos redutores de arrasto
  - Aditivos dissipadores de estática
  - Biocidas
  - Demulsificantes
  - Dehazers
  - Inibidores de corrosão para sistemas de distribuição de combustível
  - Corantes para marcadores
  - Desodorizantes e reodorizantes

- Aditivos para a estabilidade dos combustíveis

  o Antioxidantes

  o Estabilizadores

  o Desactivadores de metais

  o Dispersantes

- Aditivos de proteção do motor

o Inibidores de corrosão para o sistema de combustível do veículo

o Aditivos de limpeza do injetor

o Aditivos de lubrificação

- Aditivos de combustão

o Melhoradores de ignição

o Supressores de fumo

o Catalisadores de combustão

## 1.1.1 Antioxidantes

Os antioxidantes são aqueles que reduzem a quantidade de oxigénio na câmara de combustão para reduzir a formação de $NO_X$ . Alguns dos antioxidantes úteis são os seguintes

> Hidroxitolueno butilado

> 2,4-Dimetil-6-terc-butilfenol

> di-terc-butilfenol-fenileno diamina,

> etileno diamina

> p-fenilenodiamina

## 1.1.2 Porquê a p-fenilenodiamina como antioxidante?

P-fenilenodiamina selecionados como aditivos de ensaio de acordo com a pesquisa bibliográfica. As aminas foram escolhidas porque são redutores activos de NOx em sistemas catalíticos ou de fase gasosa. A estrutura química do antioxidante e as suas especificações são apresentadas de seguida. A formação de radicais livres durante a combustão determina a taxa de reação e a produção imediata de NOx. O radical livre é uma molécula altamente reactiva com um ou mais electrões não emparelhados. Os exemplos incluem a molécula de oxigénio, o óxido nítrico, o ião superóxido e o radical hidroxilo. Os antioxidantes retardam ou inibem os processos oxidativos doando um eletrão ou um átomo de hidrogénio a um derivado radicalar. Geralmente, os antioxidantes podem reduzir a formação de radicais livres por quatro vias: quelação dos catalisadores de metais de transição, reacções de quebra de cadeia, redução da concentração de radicais reactivos e eliminação dos radicais iniciadores.

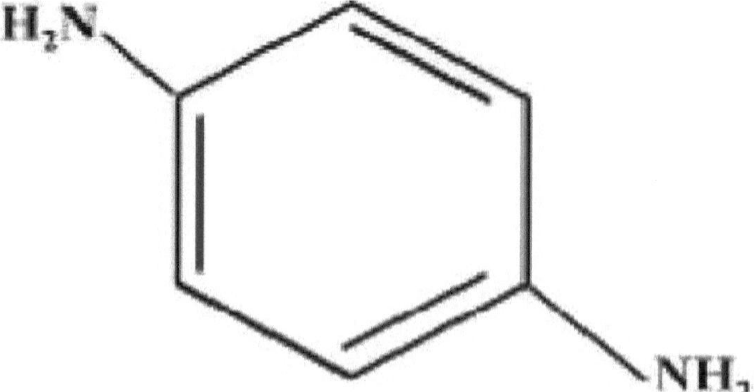

Figura 1.3 Estrutura química da P-fenilenodiamina
Especificações - Número CAS 106-50-3

Ensaio mínimo 97%

Peso molecular 108,14

Ponto de fusão 141 _C Cinzas sulfatadas 0,05%

## 1.5 Necessidade do estudo

Com o aumento da população, a procura de combustíveis convencionais está a aumentar, mas os recursos de combustíveis convencionais são limitados. Um dia, todos os recursos esgotar-se-ão. Estas questões motivam-nos para a utilização de combustíveis alternativos, o que resolve todos os problemas acima referidos. Outra questão relacionada com o ambiente é a utilização de combustíveis convencionais que emitem muitos conteúdos nocivos. A utilização de combustíveis alternativos diminui consideravelmente as emissões de gases de escape nocivos, como o monóxido de carbono, o dióxido de carbono, as partículas e o dióxido de enxofre. Mas as emissões de NOx aumentam no motor de ignição por compressão. Há muitos problemas associados aos NOx, como problemas de saúde e ambientais. Por isso, é necessário reduzir a emissão de NOx, existem diferentes métodos, mas a utilização de antioxidantes é um deles.

## 1.6 Objetivo do estudo

Para resolver o problema da escassez de combustível devido ao esgotamento dos combustíveis fósseis e ao aumento dos preços, são utilizados combustíveis alternativos. O principal problema associado ao SVO é a emissão de NOx, que é prejudicial para a saúde e o ambiente.

- Analisar o desempenho do motor de combustão interna com Jatropha (SVO) com mistura de gasóleo a várias cargas.
- Medir as emissões regulamentadas de $NO_X$ com a utilização do antioxidante p-fenilenodiamina em Jatropha (SVO) com mistura de gasóleo e comparar com o gasóleo de base.
- Para determinar a percentagem óptima de p-fenilenodiamina a misturar para obter uma redução máxima de $NO_X$

## 1.7 Esboço da tese

O plano de capítulos da tese é o seguinte

Chapter 1: Introdução

O primeiro capítulo apresenta uma panorâmica do cenário energético do mundo e da Índia. Inclui informações como a economia de combustível, o desempenho e as emissões dos combustíveis alternativos atualmente utilizados (álcool, biodiesel, GPL, GNC e hidrogénio). Apresenta uma introdução ao SVO de pinhão-manso e por que razão utilizar antioxidante no SVO com gasóleo e quais são as vantagens e os limites dessa utilização.


Chapter 2: Revisão da literatura

Neste capítulo, é discutida uma panorâmica da literatura disponível relativa à Jatropha(SVO), ao biodiesel de Jatropha e aos antioxidantes. Inclui estudos experimentais efectuados em motores para avaliar o desempenho e os níveis de emissões utilizando o antioxidante p-fenilenodiamina com uma mistura de Jatropha(SVO) e gasóleo.

Chapter 3: Métodos e materiais

Este capítulo inclui todas as informações relacionadas com o presente trabalho de investigação. Inclui os detalhes da configuração, os detalhes do combustível e informações sobre todos os acessórios que são utilizados para atingir os objectivos do presente trabalho. Inclui todas as fórmulas matemáticas que são utilizadas para o cálculo dos parâmetros de desempenho do motor.

Chapter 4: Resultados e discussão

Os resultados são resumidos e discutidos neste capítulo. Inclui os pormenores sobre o desempenho e os níveis de emissões regulamentados de todos os combustíveis testados no motor CI.

Chapter 5: Conclusão e âmbito futuro

Este capítulo inclui a conclusão do presente trabalho de investigação. São também discutidos os desafios e as limitações do presente estudo, bem como as futuras direcções de trabalho.

# CAPÍTULO 2

**Revisão da literatura**

Nos últimos anos, vários investigadores têm realizado muitos trabalhos de investigação no domínio dos combustíveis alternativos; a mistura de Jatropha (SVO) com gasóleo é um dos combustíveis alternativos mais promissores. Os investigadores trabalharam para comparar o desempenho e as emissões da Jatropha (SVO) com a mistura de gasóleo através da utilização de antioxidantes. Este capítulo apresenta uma visão geral dos trabalhos realizados por vários investigadores sobre a redução de $NO_x$ através da utilização de antioxidantes.

## 2.1 Estudos sobre o SVO de Jatropha com gasóleo

O principal objetivo desta experiência era investigar parâmetros práticos através de análises e experiências que aumentassem a eficiência e a eficácia do motor C.I. operado com SVO, resultando, em última análise, em produtos finais de qualidade. Por conseguinte, nesta investigação, os estudos significativos foram revistos sob os seguintes títulos principais:

Desempenho do motor diesel com óleo vegetal simples (SVO).

- Produção e transformação de óleos vegetais simples

Propriedades do combustível.

- Composição química dos combustíveis.

- Desempenho e emissões de escape de motores diesel com misturas de gasóleo e SVO.

- Análise energética e exergética do motor C.I. com misturas de gasóleo e SVO.

- Parâmetros de desempenho óptimos.

Foram efectuados vários trabalhos de investigação sobre o SVO. Alguns dos artigos relacionados com o SVO são apresentados a seguir. Observou-se que o SVO apresentava problemas de funcionamento e durabilidade quando sujeito a uma utilização prolongada num motor de ignição por compressão. Estes problemas podem ser atribuídos à elevada viscosidade, à baixa volatilidade e ao carácter poli-saturado do óleo vegetal.

**Barsic et al. (1981)** realizaram experiências utilizando 100% de óleo de girassol, 100% de óleo de amendoim e 50% de óleo de amendoim com gasóleo. Uma comparação do desempenho do motor com óleo de girassol e óleo de amendoim mostrou que houve um aumento da potência e das emissões.

**Tadashi e Young et al. (1984)** avaliaram a viabilidade do óleo de colza e do óleo de palma como combustível para motores diesel num motor diesel de injeção direta naturalmente aspirado. Verificou-se que os combustíveis à base de óleos vegetais proporcionavam um desempenho aceitável do motor e níveis de emissões de escape para um funcionamento a curto prazo. No entanto, causaram a formação de depósitos de carbono e a colagem dos anéis do pistão com um funcionamento prolongado.

**Hammerlein et al. (1991)** efectuaram experiências em motores turboalimentados naturalmente aspirados, arrefecidos a ar e arrefecidos a água, utilizando óleos de colza. As experiências foram efectuadas com óleo de colza filtrado. Foi relatado que a potência de travagem e o binário utilizando óleo de colza como combustível são 2% inferiores aos do gasóleo. A taxa de libertação de calor é muito semelhante para ambos os combustíveis. Em todos os motores ensaiados, a potência máxima de travagem foi obtida com óleo de colza. Foram observadas tensões mecânicas e ruídos de combustão mais baixos. As emissões de CO e HC são mais elevadas, enquanto as emissões de NOx e de partículas são mais baixas em comparação com o gasóleo.

**Z. Mariusz e J. Goettler et al. (1992)** realizaram experiências com óleo de girassol e recomendaram a incorporação de um pré-aquecedor de combustível duplo para melhorar a durabilidade dos motores diesel. A durabilidade do motor aumentou através da prevenção do funcionamento do motor em condições de baixa carga e baixa velocidade, da redução do tempo de exposição do sistema de injeção de combustível a temperaturas muito elevadas durante o processo de transição de cargas elevadas para cargas leves e da eliminação da injeção de óleo durante o período de paragem.

**S. Dhinagar e B. Nagalingam et al. (1993)** testaram os óleos de nim, farelo de arroz e karanja com um motor de baixa rejeição de calor. Foi utilizado um aquecedor elétrico e os gases de escape para aquecer o óleo. Observou que a eficiência era 1 a 4% inferior à do gasóleo no caso de não haver aquecimento. No entanto, com o aquecimento, o rendimento melhorou.

**Forson et al. (2004)** realizaram uma investigação experimental sobre pinhão-manso puro, gasóleo puro e misturas de pinhão-manso e gasóleo num motor diesel monocilíndrico de injeção direta. Os resultados obtidos sugeriram que os óleos acima referidos apresentavam um desempenho semelhante e níveis de emissões muito semelhantes em condições de funcionamento comparáveis. Observou-se também que a introdução de óleo de pinhão-manso no combustível para motores diesel parece ser eficaz na redução da temperatura dos gases de escape.

**Ramadhas et al. (2004)** efectuaram um trabalho experimental utilizando óleo de sementes de borracha. Concluiu que o funcionamento do motor em tempo frio não é fácil com óleos vegetais. O óleo vegetal bruto pode ser utilizado como combustível em motores diesel com algumas pequenas modificações. Os resultados mostraram que a eficiência térmica era comparável à do gasóleo com uma pequena perda de potência. As emissões de partículas dos óleos vegetais são mais elevadas do que as do gasóleo, com uma redução dos NOx.

**Agarwal et al. (2008)** estudaram o desempenho e as caraterísticas das emissões do óleo de linhaça, do óleo de mahua e do óleo de farelo de arroz num motor diesel monocilíndrico estacionário a quatro tempos e compararam-no com o diesel mineral. Observaram que os óleos vegetais simples apresentavam problemas de funcionamento e durabilidade quando sujeitos a uma utilização prolongada num motor C.I.. Estes problemas são atribuídos à elevada viscosidade, à baixa volatilidade e ao carácter poli-saturado dos óleos vegetais.

**Agarwal et al. (2009b)** efectuaram experiências com óleo de karanja pré-aquecido e misturas. Verificou-se que as caraterísticas de desempenho e de emissões eram muito próximas do gasóleo mineral

para concentrações de mistura mais baixas. No entanto, para uma concentração de mistura mais elevada, observou-se que o desempenho e as emissões eram marginalmente baixos.

**Sidibe et al. (2010)** analisaram o estado da arte da utilização de SVO como combustível em motores a gasóleo, com base num estudo bibliográfico (revisão da literatura). A primeira secção do documento examina o tipo e a qualidade dos óleos vegetais para utilização como combustível em motores diesel. A segunda secção discute as vantagens e desvantagens de duas opções recomendadas para a utilização de SVO em motores diesel: alimentação dupla e mistura com combustível diesel. Concluiu que os SVO podem ser utilizados como substitutos do gasóleo nos motores diesel agrícolas. Podem ser produzidos diretamente a nível local numa cadeia de abastecimento curta e oferecem o combustível adicional necessário para aumentar a produção agrícola. Os seus subprodutos podem ser utilizados na agricultura e na produção animal.

**Acharya et al. (2011)** realizaram uma experiência com SVO pré-aquecido de misturas de karanja e kusum com gasóleo. As experiências foram concebidas para estudar o efeito da redução da viscosidade do óleo de kusum e de karanja através do pré-aquecimento do combustível, utilizando um permutador de calor de casco e tubo. Concluíram que o desempenho do motor com óleo de kusum e karanja (pré-aquecido) era muito próximo do do gasóleo. O desempenho do óleo pré-aquecido foi considerado ligeiramente inferior em termos de eficiência devido ao baixo valor de aquecimento. O desempenho do óleo de karanja foi considerado melhor do que o do óleo de kusum em todos os aspectos. A viscosidade dos óleos de kusum e de karanja foi reduzida pelo pré-aquecimento a 100-130°C. Verificou-se que, nos casos acima referidos, a viscosidade era próxima da do gasóleo, o que seria adequado para os motores.

**Masjuki et al. (2015)** utilizaram óleo de palma pré-aquecido para fazer funcionar um motor C.I.. O pré-aquecimento reduziu a viscosidade do combustível. Verificou-se que o binário, a potência de travagem, o consumo específico de combustível, as emissões de escape e a eficiência térmica de travagem eram comparáveis aos do gasóleo.

**Gerhard Vellguth (2011)** estudou o desempenho de um motor diesel monocilíndrico de injeção direta com diferentes óleos vegetais. O autor referiu que os óleos vegetais podem ser utilizados diretamente como combustíveis em motores diesel a curto prazo, com pouca perda de eficiência.

No funcionamento a longo prazo do motor com óleos vegetais, observou dificuldades operacionais como depósitos de carbono, alterações nas propriedades do óleo lubrificante e problemas de colagem dos anéis.

**Varaprasad et al. (2010)** investigaram o efeito da utilização de óleo de pinhão-manso e de óleo de pinhão-manso esterificado num motor a gasóleo de um cilindro. Verificaram que a eficiência térmica da travagem era superior com o óleo de pinhão-manso esterificado em comparação com o óleo de pinhão-manso bruto, mas inferior à do gasóleo. Também relataram baixas emissões de NOX e altos níveis de fumo com óleo de pinhão-manso puro em comparação com óleo de pinhão-manso esterificado e gasóleo.

**Parmanik et al. (2006)** estudaram as propriedades e a utilização de misturas de óleo de jatropha curcas e gasóleo num motor de ignição por compressão. Observou-se que a temperatura dos gases de escape diminuiu devido à redução da viscosidade das misturas de óleo vegetal e gasóleo. Verificou-se que o consumo de combustível aumentou com uma maior proporção de óleo de jatropha curcas nas misturas. Foram obtidas eficiências térmicas aceitáveis do motor com misturas contendo até 50% (em volume) de óleo de pinhão-manso. Os testes também foram realizados por Forson et al. [96] num motor monocilíndrico de injeção direta que funcionava com gasóleo, óleo de pinhão-manso e misturas de gasóleo e óleo de pinhão-manso em proporções de 97,4% / 2,6%; 80% / 20%; e 50% / 50% em volume. Os resultados dos ensaios mostraram que o óleo de pinhão-manso pode ser convenientemente utilizado como substituto do gasóleo num motor diesel.

## 2.2 Estudos sobre os antioxidantes no motor C.I.

**Varatharajan et al. (2011)** investigaram a atenuação das emissões de NOx utilizando diferentes aditivos antioxidantes no biodiesel de Jatropha e observaram que a p-fenilenodiamina é o aditivo mais eficaz do que outros aditivos antioxidantes como a etilenodiamina, o a-tocoferol, o hidroxitolueno butilado e o ácido ascórbico. Pode reduzir as emissões de NOx em cerca de 43,55% em comparação com o biodiesel puro.

**Palash et al. (2014) efectuaram** um estudo experimental num motor diesel de quatro cilindros para avaliar o desempenho e as caraterísticas das emissões de misturas de biodiesel de Jatropha (JB5, JB10, JB15 e JB20) com e sem a adição do antioxidante N, NO-difenil-1, 4- fenilenodiamina (DPPD). Os resultados mostraram que este aditivo antioxidante podia reduzir significativamente as emissões de NOx, com uma ligeira penalização em termos de potência do motor e de consumo específico de combustível ao travão (BSFC), bem como de emissões de CO e HC. Quando comparadas com a combustão de gasóleo, as emissões de HC e CO com a adição do aditivo DPPD foram praticamente as mesmas ou inferiores.

**Palash et al. (2014)** analisaram que a redução média das emissões de NOx através da utilização de aditivos, EGR, WI & ET, ITR, ST e LTC se situa nas gamas de 4-45%, 26-84%, 10-38%, 9,77-37%, 22-95% e 66-93%, respetivamente, em comparação com a combustão de biodiesel sem aplicação de tecnologias. No entanto, a redução média das emissões de NOx com a utilização destas tecnologias para o biodiesel é razoável, 36-46%, 3-34%, 21-37%, 33- 92% e 8,68-70%, respetivamente, quando comparada com o gasóleo.

**Vedaraman et al. (2010)** estudaram o efeito de diferentes misturas de biodiesel de palma com gasóleo no desempenho do motor e nas caraterísticas de emissão e concluíram que B20 é a mistura óptima em termos de maior eficiência térmica e menor emissão de NOx. O B20 também produziu cerca de 28% e 30% menos emissões de CO e HC em comparação com o gasóleo de base, respetivamente

**Ng et al. (2013)** avaliaram a adequação do biodiesel à base de PME e suas misturas para uso em estrada. Observaram uma redução do NO do tubo de escape, do UHC e da opacidade dos fumos quando foi utilizado PME puro, com reduções máximas de 5,0%, 26,2% e 66,7%, respetivamente

## 2.3 aprender com o estudo da literatura

A partir da pesquisa bibliográfica, ficamos a conhecer os diferentes combustíveis alternativos que podem ser utilizados no motor de combustão interna. Ficamos também a conhecer as vantagens e desvantagens destes combustíveis quando utilizados no motor de combustão interna. Quando optamos pelo biodiesel, as emissões de NOx tornam-se um problema grave no motor de combustão interna, pelo que, na literatura, aprendemos diferentes técnicas para a redução de NOx. Uma das melhores técnicas é a utilização de antioxidantes, pelo que aprendemos sobre os diferentes tipos de antioxidantes.

# CAPÍTULO 3

**Métodos e materiais**

Neste capítulo, são descritos os métodos seguidos e os materiais utilizados para atingir os objectivos da presente investigação. Este capítulo inclui a aquisição do antioxidante p-fenilenodiamina, a preparação da mistura, a montagem experimental e a técnica experimental.

## 3.1 Aquisição de Antioxidante

Para a experiência, a p-fenilenodiamina é adquirida com a ajuda da Savita chemicals, Jaipur, e da Triveni chemicals, Mumbai.

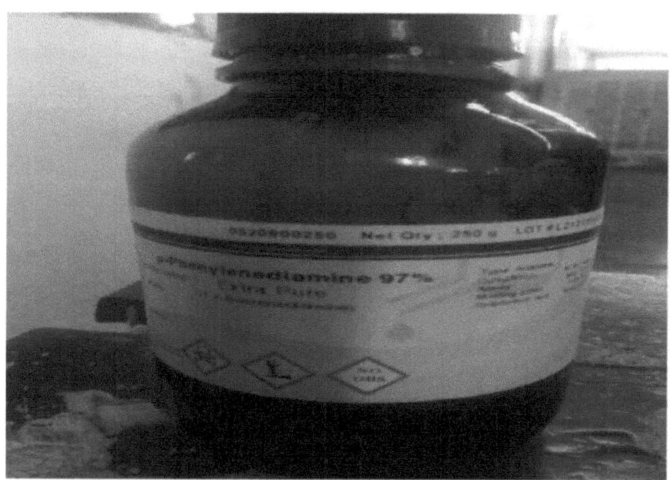

Figura 3.1 p-Fenilenodiamina (Antioxidante)

## 3.2 Preparação da mistura

A preparação da mistura para os ensaios foi efectuada em dois processos: primeiro, diferentes percentagens de Jatropha (SVO) misturadas com gasóleo e, depois, diferentes percentagens de antioxidante misturadas com as misturas.

### 3.2.1 Mistura de Jatropha (SVO) com gasóleo

Nesta experiência, o teste foi efectuado com diferentes misturas de óleo de Jatropha, ou seja, 5%, 10%, 15% e misturas de óleo de Jatropha.

Passos para preparar a mistura:

1)  Deitar uma certa quantidade de óleo de Jatropha num copo de 500 ml.

2)  Encher o resto do copo com gasóleo.

Por exemplo: para 10%, misturar 50 ml de óleo de Jatropha e 450 ml de gasóleo num copo de 500 ml.

### 3.2.2 Mistura        de antioxidantes

Uma vez que a p-fenilenodiamina se encontra no estado sólido, deve ser misturada com uma mistura líquida de Jatropha (SVO) e gasóleo. Para obter uma mistura homogénea, foram experimentados diferentes métodos, ou seja, mistura direta, agitação magnética, agitação com menos RPM e misturador triturador de 20000 RPM. Apenas o moinho misturador de 20000 RPM misturou o antioxidante com a mistura de combustível.

Figura 3.2 Mistura de antioxidante

## 3. 3Configuração da experiência

A configuração da experiência inclui os pormenores sobre o motor, o misturador, a disposição da carga, o analisador de gases e outros equipamentos auxiliares que foram utilizados no trabalho de investigação.

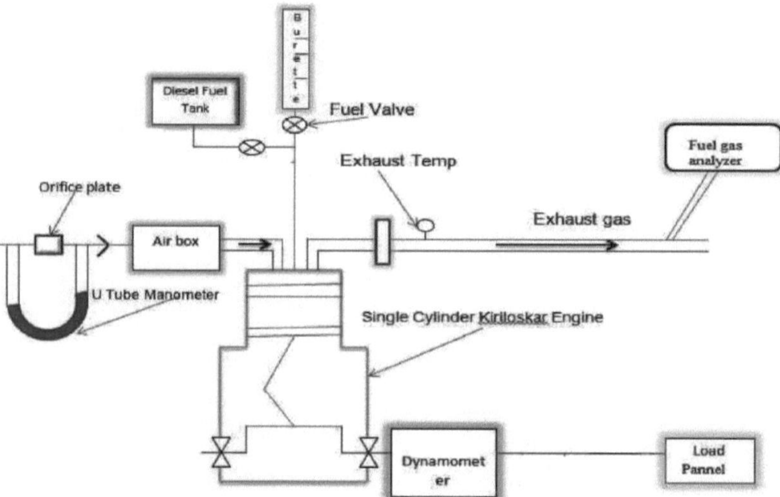


Figura 3.3 Diagrama esquemático da instalação experimental

### 3.3. 1Motor

O motor utilizado no presente projeto é um motor C.I. monocilíndrico a 4 tempos, arrefecido a água, acoplado a um dínamo (gerador) que converte o trabalho mecânico do eixo do motor em potência eléctrica com a ajuda de um alternador.

Figura 3.4 Motor C.L. monocilíndrico a 4 tempos

Quadro 3.1 Especificações do motor

| PARAMETER | UNIT/TYPE | SPECIFICATION |
|---|---|---|
| Rated output | hp | 4.7 |
| No of cylinders | | 1 |
| Bore x Stroke | mm | 102 x 116 |
| Compression Ratio | | 17 |
| Type of engine | | Compression Ignition |
| Fuel | | High speed diesel |
| Injection type | | Direct injection |

| Speed | Constant Speed | 1500 rpm |
| Governor | Mechanical | Class B-1 |
| Lubrication | Wet Sump | SAE 40 |
| SFC | gms/kWhr | 338 |

### 3.3.    2Alternador

O alternador utilizado no projeto atual é acoplado a um motor C.L. monocilíndrico a 4 tempos que converte o trabalho mecânico do eixo do motor em potência eléctrica.

Figura 3.5 Alternador

Tabela 3.2 Especificações do alternador

| PARAMETER | UNIT/TYPE | SPECIFICATION |
| --- | --- | --- |
| Type | | Slip ring type |
| No of poles | | 4 |
| Speed | RPM | 1500 |
| Max output | kVA | 5 |
| Frequency | Hz | 50±5 |
| Insulation class | H | 180 $^{0}$C |
| Phase | | Single |
| Power Factor(P.F) | | 1 |
| Efficiency | % | 97@ full load |

### 3.3.    3Medição da taxa de consumo de combustível

Fluxo de combustível medido com a ajuda de uma bureta. O tempo é anotado por cada 10 ml de consumo de combustível com a ajuda de um cronómetro, o que nos permite determinar a taxa de consumo de combustível.

Figura 3.6 Bureta para a alimentação de combustível

### 3.3.  4Abastecimento de ar

A caixa de ar está ligada ao filtro de ar do motor através de um tubo de 2,5"; isto permite-nos medir a massa de ar que está a ser utilizada para a combustão. A pressão do ar que entra na caixa é medida em termos de coluna de água, que é depois convertida em cabeça de ar e, subsequentemente, em velocidade do ar, o que, por sua vez, ajuda a determinar o caudal mássico do ar.

Figura 3.7 Sistema de alimentação de ar com medição

## 1.1.5 Medição da temperatura dos gases de escape

A temperatura dos gases de escape foi medida com a ajuda de um termopar. Os termopares do tipo K foram colocados no coletor de escape para medir a temperatura dos gases de escape. O termopar do tipo K é mais barato e está disponível uma grande variedade de sondas na sua gama de -200 °C a +1350 °C. A temperatura dos gases de escape é um dos parâmetros importantes que dá uma indicação sobre o potencial disponível nos gases de escape do ponto de vista da recuperação de calor.

Figura 3.8 Indicador de temperatura

## 3.3.  6Disposição da carga

Foram instaladas 35 lâmpadas de 100 watts cada no banco de carga. A carga foi variada de zero a plena a 3500 W.

Figura 3.9 Disposição da carga

## 3.3.    7Arranjo de arrefecimento

Para tornar o arrefecimento mais eficiente, o motor é modificado para um sistema de arrefecimento a água. O caudal da água de arrefecimento é fixado em 6 litros por minuto com a ajuda de uma válvula de controlo. A figura 3.10 mostra a medição do caudal da água de arrefecimento.

Figura 3.10 Medição do caudal da água de arrefecimento

### 3.3. 8Analisador de gases     (tipo NDIR)

O analisador de gases é utilizado para determinar as emissões de gases de escape. No trabalho experimental, o analisador de gases utilizado foi fornecido pela AVL India private limited. Utiliza um detetor de infravermelhos não dispersivos (NDIR). O monóxido de carbono (CO), o dióxido de carbono, o oxigénio, o $NO_X$ e os hidrocarbonetos não queimados são medidos com a ajuda do analisador de gases. O CO é medido em vol %, o HC em ppm vol. Hex., o CO2 em vol %, o O2 em vol %, o $NO_X$ em ppm.

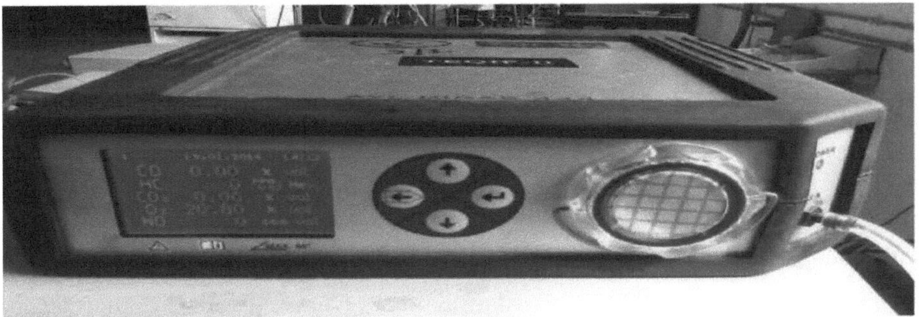

Figura 3.11 Analisador de gases

### 3. 4Técnicas experimentais

Foram utilizados gasóleo e várias misturas de gasóleo e Jatropha (SVO) com diferentes percentagens de p-fenilenodiamina e foi efectuado um estudo para medir o desempenho do motor. Foi efectuada uma sequência de experiências variando a carga no motor para comparar o desempenho do gasóleo puro e das misturas de Jatropha (SVO) e gasóleo. Durante a experiência, a temperatura dos gases de escape e as emissões foram registadas a cada carga, depois de se ter deixado o motor aquecer e estabilizar.

### 3.4.1Variação     da carga

A potência nominal de saída (carga total) do motor era de 3,5 kW. As diferentes cargas aplicadas ao motor para todos os combustíveis (Neat Diesel, BD5, BD10, BD15) com 0,005%, 0,015%, 0,025%, 0,035% e 0,05% (em massa) de p-fenilenodiamina foram 0,5 kW, 1,0 kW, 1,5 kW, 2,0 kW, 2,5 kW, 3,0 kW e 3,5 kW. As cargas foram aumentadas ligando lâmpadas de potência adequada.

### 3.4.2 Variação do combustível

O primeiro motor foi colocado a funcionar com gasóleo puro, BD5, BD10 e BD15 apenas para obter dados de base. Posteriormente, o motor foi posto a funcionar com várias percentagens de mistura de antioxidantes com misturas. Os combustíveis utilizados nas experiências foram o gasóleo, o BD5, o BD10 e o BD15.

Quadro 3.3 Âmbito do inquérito

| Sr. No. | Parameters | Range |
|---|---|---|
| 1. | Fuel | Diesel, BD5, BD10 and BD15 |
| 2. | P-phenylenediamine percentage | 0.005%,0.015%,0.025%,0.035% and 0.05% by mass |
| 3. | Load | 0-3.5 kW |
| 4. | Engine Speed | 1500 rpm |

### 3.5 Fórmulas de cálculo

As fórmulas para o cálculo do poder calorífico das misturas, da eficiência térmica à travagem (BTE), da quantidade de p-fenilenodiamina a misturar com diferentes misturas, do consumo específico de combustível à travagem (BSFC) e do consumo específico de energia à travagem (BSEC) são apresentadas a seguir

### 3.5.1 Valor calorífico (CV) das misturas

É a energia libertada por kg de combustível, quando o combustível é queimado e os produtos da combustão são arrefecidos até à temperatura inicial da mistura combustível. O poder calorífico assim obtido é designado por poder calorífico superior ou bruto do combustível. O poder calorífico inferior ou líquido é o calor libertado pelo combustível quando a água presente nos produtos da combustão não é condensada e permanece sob a forma de vapor.

1. poder calorífico do gasóleo = 43400 kJ/kg

$$= 36369,2 \text{ kJ/l}$$

2. poder calorífico do óleo de Jatropha = 39340 kJ/kg

$$= 37136,96 \text{ kJ/l}$$

{Porque a densidade do gasóleo = 0,838 kg/l

Densidade do óleo de Jatropha = 0,944 kg/l }

1. Poder calorífico da mistura a 5%

$$= (0,05 \times 37136,96) + (0,95 \times 36369,2) = 36407,58 \text{ kJ/l}$$

2. Poder calorífico da mistura a 10%

$$= (0,10 \times 37136,96) + (0,90 \times 36369,2) = 36445,97 \text{ kJ/l}$$

3. Poder calorífico da mistura de 15%

$$= (0,15 \times 37136,96) + (0,85 \times 36369,2) = 36484,36 \text{ kJ/l}$$

Quadro 3.4 Poder calorífico do gasóleo, BD5, BD10 e BD15

| Sr. No. | Fuel | Calorific Value (kJ/l) |
|---|---|---|
| 1. | Diesel | 36369.2 |
| 2. | Jatropha oil | 37136.96 |
| 3. | BD5 | 36407.58 |
| 4. | BD10 | 36455.97 |
| 5. | BD15 | 36484.36 |

**3.5.2 Eficiência térmica do travão (BTE)**

A eficiência térmica de travagem é definida como o rácio entre a potência de travagem de um motor e a energia fornecida pelo combustível. É utilizada para avaliar a forma como um motor está a converter o calor de um combustível em energia mecânica. Pode ser calculada para todos os combustíveis (Diesel, BD5, BD10 e BD15) utilizando a seguinte fórmula

Eficiência térmica do travão (BTE) = potência de travagem/energia fornecida pelo combustível

### 3.5.3 Quantidade de antioxidantes

Como sabemos

Densidade= massa / volume

$M_1 + M_2 + M_3 = 1kg$

Aqui,

$M_1$ = massa de antioxidante a misturar

$M_2$ = massa de óleo de Jatropha

$M_3$ = massa de gasóleo

Então,

$M_2 + M_3 = 1- Mi$

$_2 \varsigma V_2 + \varsigma_3 V_3 = 1- M_1$

Aqui,

$_2 = \varsigma 0,944$ kg/m$^3$

$_3 = \varsigma 0,830$ kg/m$^3$

$V_2 = 5\%$

Assim

$(944 \times (5/100)+830) \times V_2 = 1-Mi$

Para Mi=50mg

$V_2 = 56ml$

O mesmo procedimento para 150mg, 250mg, 350mg e 500mg

### 3.5.4 Consumo específico de combustível nos travões (BSFC)

O consumo específico de combustível no travão é definido como a taxa de combustível consumido por unidade de potência de travagem desenvolvida pelo motor. A sua unidade é geralmente kg/kW-hr. Pode ser calculado para todos os combustíveis (diesel, BD5, BD10 e BD15) utilizando a seguinte fórmula Consumo específico de combustível no travão (BSFC) = Caudal mássico de combustível (kg/h) / Potência de travagem (kW)

### 3.5.5 Consumo específico de energia nos travões (BSEC)

É definido como um produto do BSFC e do valor calorífico (CV) do combustível. Mostra a eficiência com que a energia do combustível é obtida a partir do combustível. Pode ser calculado para todos os combustíveis (gasóleo, BD5, BD10 e BD15) utilizando a seguinte fórmula

Consumo específico de energia na travagem (BSEC) = BSFC*CV do combustível

# CAPÍTULO 4

**Resultados e discussão**

O motor foi utilizado com gasóleo puro e várias misturas compostas por Jatropha (SVO) e gasóleo. Neste capítulo, são calculados os parâmetros de desempenho do motor, ou seja, a eficiência térmica do travão (BTE), as emissões de $NO_X$, CO e HC, e são traçadas as suas variações em função da carga.

## 4.1 Parâmetros de desempenho do motor

Estes parâmetros são utilizados para a comparação de vários motores. Inclui a eficiência térmica do travão, as emissões de $NO_X$, CO e HC.

### 4.1.1 Eficiência térmica do travão

A eficiência térmica do travão (BTE) é uma medida da potência líquida desenvolvida pelo motor que está prontamente disponível para utilização no veio de saída do motor. A eficiência térmica do travão (BTE) para todos os combustíveis aumentou com o aumento da carga e atingiu o seu máximo a 2,5 kW de carga e depois desceu ligeiramente a plena carga. A eficiência térmica do travão no caso do gasóleo puro foi de 19,25%, o que ocorreu a 2,5 kW de carga. À medida que o Jatropha (SVO) era utilizado como combustível no motor, a sua eficiência começava a diminuir. Para BD5 (5% de Jatropha (SVO) e 95% de gasóleo em volume), a eficiência térmica máxima do travão obtida foi de 18,86% a 2,5 kW de carga. Para a BD10, a eficiência térmica máxima do travão foi de 18,03% a uma carga de 2,5 kW. No caso da BD15, a eficiência foi inferior à da BD10 em todas as cargas. A eficiência a 2,5 kW de carga foi de 17,54%. O aumento de Jatropha (SVO) diminuirá o pico de pressão e temperatura devido à combustão incorrecta da mistura e à elevada densidade e viscosidade de Jatropha (SVO). A Figura 4.1 mostra a variação da eficiência térmica do travão em função da carga para todos os combustíveis utilizados no trabalho de investigação (Diesel, BD5, BD10 e BD15) sem utilização de antioxidante.

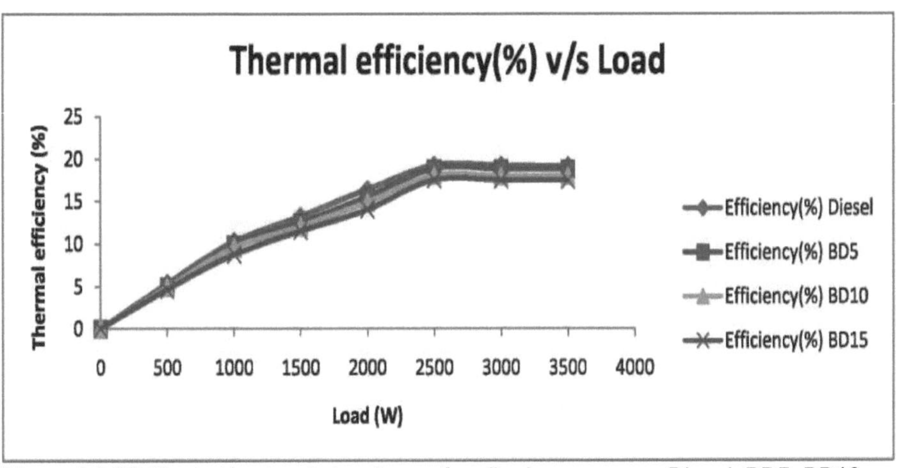


Figura 4.1 Eficiência térmica do travão em função da carga para Diesel, BD5, BD10 e BD15 sem utilização de antioxidante.

Para BD5 (SVO de pinhão-manso 5%), BD10 (SVO de pinhão-manso 10%) e BD15 (SVO de pinhão-manso 15%) com diferentes percentagens (0,005%, 0,015%, 0,025%, 0,035% e 0,05% em massa) de p-fenilenodiamina, observou-se uma redução menor da eficiência. A principal razão para isso é a redução da disponibilidade de oxigénio para uma combustão completa, o que conduzirá a uma combustão incompleta do combustível. Como sabemos, os biodieseis são combustíveis oxigenados, pelo que não há grande redução da eficiência do motor. A Figura 4.2 mostra a variação da eficiência térmica com as cargas para o BD5. A Figura 4.3 mostra a variação da eficiência térmica com as cargas para o BD10. A Figura 4.4 mostra a variação da eficiência térmica com as cargas para a BD15. Com estes resultados experimentais, podemos avançar para o processo de redução das emissões, uma vez que a adição de diferentes percentagens de p-fenilenodiamina não tem um efeito significativo na eficiência.

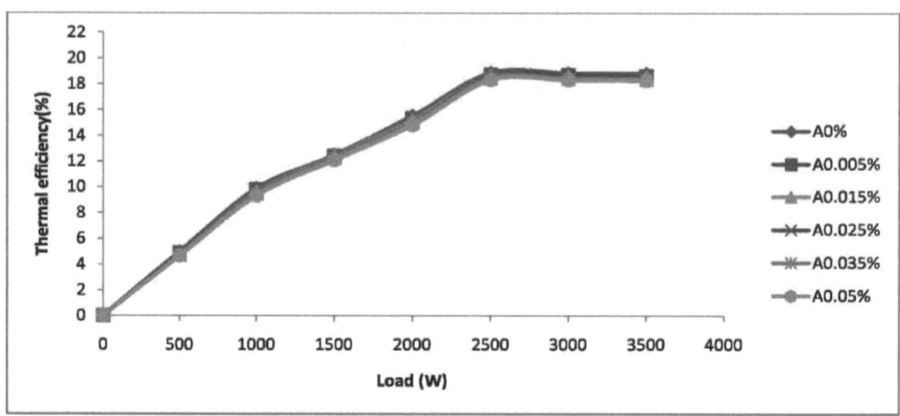


Figura 4.2 Variação da eficiência térmica com as cargas para BD5 com diferentes percentagens de p-fenilenodiamina

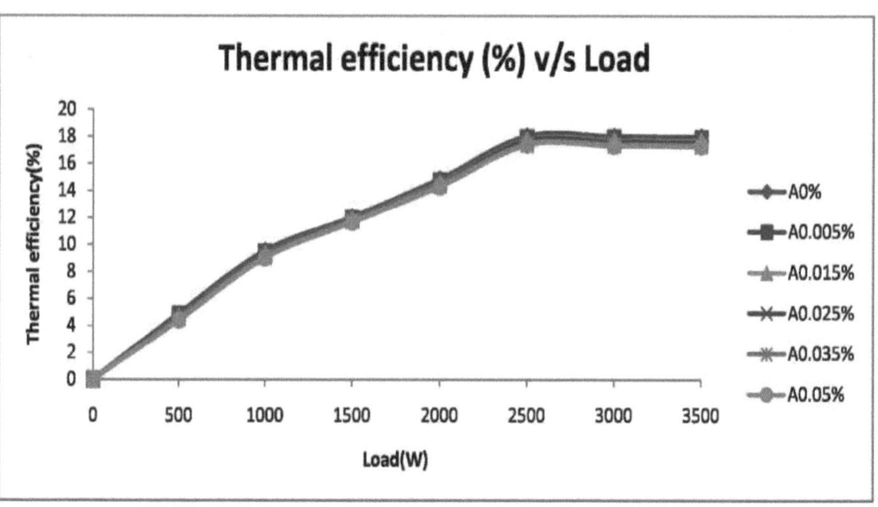


Figura 4.3 Variação da eficiência térmica com as cargas para BD10 com diferentes percentagens de p-fenilenodiamina

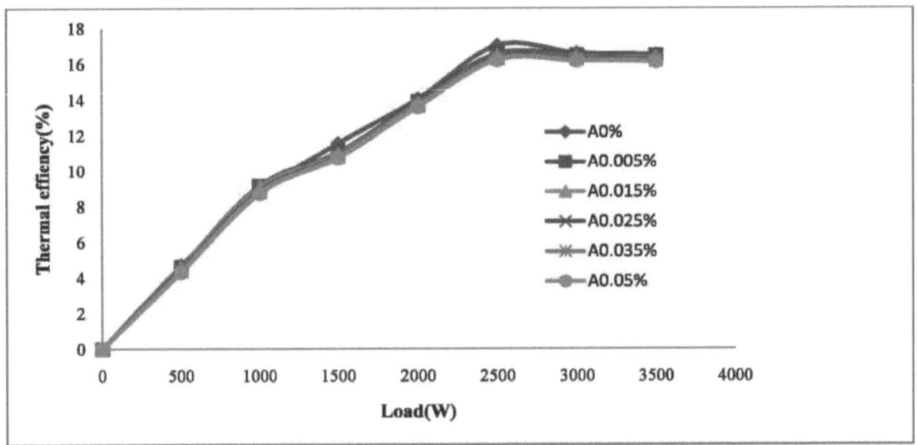


Figura 4.4 Variação da eficiência térmica com as cargas para BD15 com diferentes percentagens de p-fenilenodiamina

## 4.   2Emissões de gases de escape do motor

As emissões do tubo de escape são a principal fonte de emissões do veículo. Os $NO_X$ (óxidos de azoto), os UBHC (hidrocarbonetos não queimados) e o CO (monóxido de carbono) são as principais emissões de escape.

As emissões podem ser classificadas em duas categorias

a)  Emissões regulamentadas

b)  Emissões não regulamentadas

a)  Emissões regulamentadas - As emissões para as quais existem determinadas normas e determinada regulamentação sobre a sua quantidade nos gases de escape são designadas por emissões regulamentadas. As emissões regulamentadas são as seguintes: UBHC (hidrocarbonetos não queimados), CO (monóxido de carbono), $NO_X$ (óxidos de azoto), partículas (PM) e fumo.

b)  Emissões não regulamentadas - Emissões que estão presentes no escape do motor e para as quais não existe qualquer norma e não existe qualquer regulamentação específica sobre a sua quantidade em

Os gases de escape são designados por emissões não regulamentadas ou não regulamentadas. O etanol, os aldeídos, as cetonas, os hidrocarbonetos aromáticos polinucleares (PAH), os nitro-PAH e a fração orgânica solúvel das partículas são exemplos de emissões não regulamentadas.

### 4.2.1 $NO_X$ emissões

O azoto e o oxigénio reagem a uma temperatura relativamente elevada. A formação de $NO_X$ num motor depende de

a) Temperatura de reação

b) Disponibilidade de oxigénio e

c) Duração da disponibilidade de oxigénio

As emissões de $NO_X$ aumentam com o aumento da carga, uma vez que o aumento da carga provoca a entrada de mais combustível na câmara de combustão, o que resulta na formação de mais emissões de $NO_X$ . Verificou-se que as emissões de $NO_X$ aumentam em todas as misturas em comparação com o gasóleo puro; tal deve-se à natureza oxigenada do combustível Jatropha (SVO). Com o aumento do teor de oxigénio no combustível, ocorre uma combustão adequada do combustível. A variação das emissões de $NO_X$ em função da carga do motor para todos os combustíveis está representada nas figuras (4.4, 4.5, 4.6 e 4.7).

Foi demonstrado que a adição de antioxidantes reduz as emissões de escape de NOx. As figuras (4.5, 4.6 e 4.7) mostram a percentagem de redução de NOx de diferentes antioxidantes em relação ao gasóleo puro, BD5, BD10 e BD 15 a plena carga com base em dados observados em ppm. Os resultados indicam que foram observadas reduções significativas de NOx ao utilizar antioxidantes e que esta redução não está linearmente correlacionada com a quantidade de antioxidantes presentes no biodiesel. As reduções óptimas foram encontradas na concentração de 0,025%-m de aditivos. Supõe-se que a diminuição das emissões de NOx resulta de uma redução na formação de radicais livres pelos antioxidantes.

O efeito dos antioxidantes nas emissões de NOx do combustível de Jatropha(SVO) contendo 0,025%- m de aditivos. É importante notar que o nível de 0,025%-m de p-fenilenodiamina com biodiesel apresentou os melhores resultados de emissão e uma redução média de NOx de 24,58% foi observada com este aditivo. A este nível, os NOx mínimos e máximos produzidos foram de 1,57 e 2,05 g/kWh, respetivamente, e também cumprem as normas de emissão III B Euro [14] (<3,3 g/kWh) para motores não rodoviários. As normas da fase III são introduzidas gradualmente de 2006 a 2013. A fenilenodiamina P é o antioxidante primário mais amplamente utilizado nas indústrias de polímeros e borracha e a sua atividade antioxidante é implementada pela doação de um eletrão ou átomo de hidrogénio a um derivado radicalar. A cinética envolvida no mecanismo de redução do NOx pela p-fenilenodiamina é altamente complexa e a compreensão da química envolvida nestes processos é limitada. A benzoquinonediimina, um produto da reação da p-fenilenodiamina, tem propriedades antioxidantes potentes que capturam eficazmente os radicais livres. A etilenodiamina é um aditivo de óleo lubrificante mais comum que controla os depósitos no sistema de combustível e também reduz eficazmente a fricção entre o cilindro do motor e os anéis do pistão. A etilenodiamina é um poderoso agente quelante que reduz as concentrações de radicais livres através da quelação dos catalisadores metálicos.

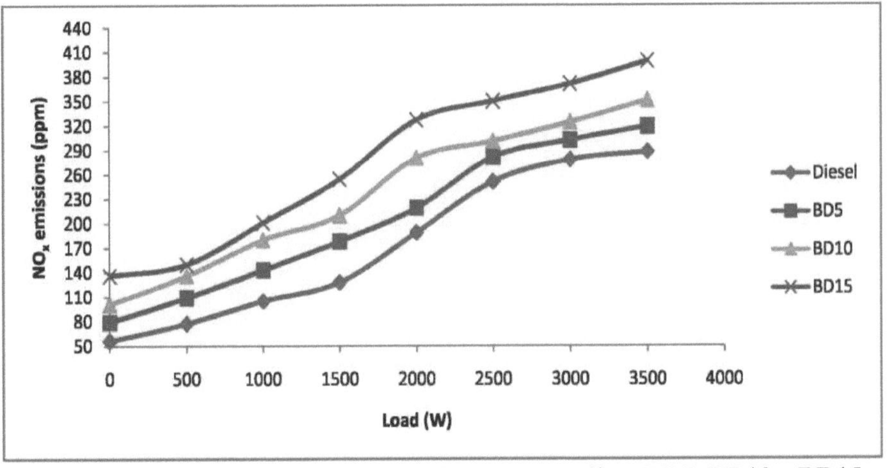


Figura 4.5 Emissões de NOx para o gasóleo, BD5, BD10 e BD15

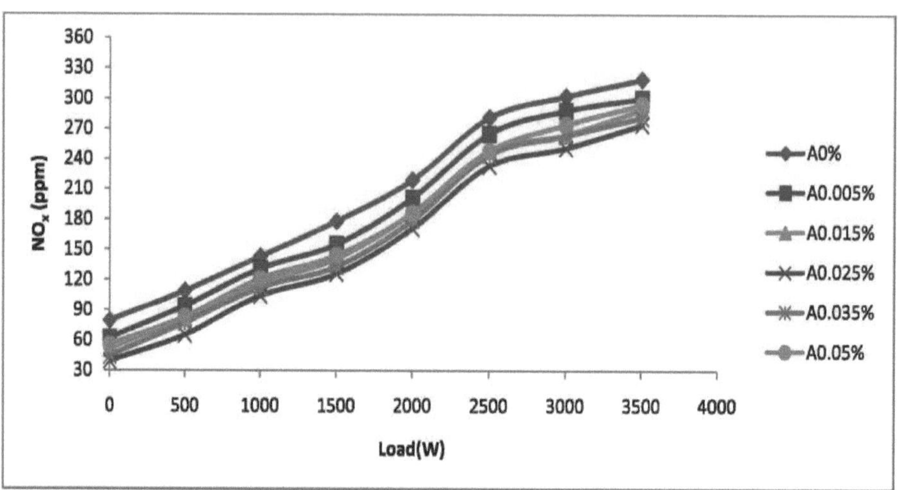

Figura 4.6 Emissões de NOx para BD5 utilizando diferentes percentagens de p-fenilenodiamina

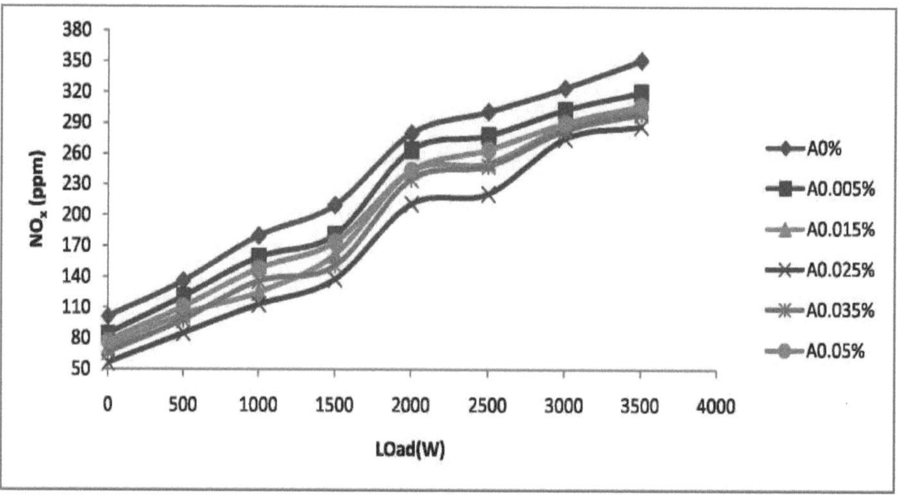

Figura 4.7 Emissões de NOx para BD10 utilizando diferentes percentagens de p-henilenodiamina

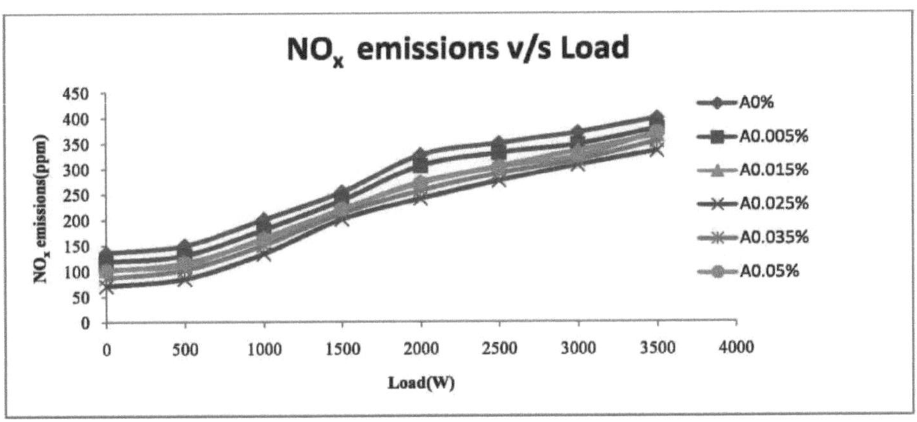


Figura 4.8 Emissões de NOx para BD15 utilizando diferentes percentagens de p-henilenodiamina

### 4.2. 2Emissões de hidrocarbonetos (HC)

Os hidrocarbonetos não queimados (UBHC) são a consequência direta da combustão incompleta [32]. A variação dos UBHC em função da carga para todos os combustíveis está representada na figura 4.8. Através das experiências, verificou-se que a emissão de hidrocarbonetos era mais elevada em condições de carga baixa e, em seguida, em condições de carga moderada, diminuía e voltava a aumentar ligeiramente em condições de carga mais elevada. Os hidrocarbonetos não queimados apresentam-se sob diferentes formas, como vapor, gotas de combustível ou produtos do combustível após degradação térmica. As emissões de HC contribuem para a formação de smog e podem incluir espécies foto-quimicamente reactivas, bem como carcinogéneos. As emissões específicas de HC para a mistura antioxidante de Jatropha (SVO) e carga em diferentes concentrações de p-fenilenodianima são mostradas nas figuras 4.9, 4.10 e 4.11. É evidente que a adição de antioxidantes levou a um certo aumento das emissões de HC em todas as cargas. Este aumento nas emissões de HC pode ser devido à redução da formação de radicais livres oxidativos pelos antioxidantes. É bastante claro que as misturas de antioxidantes de ensaio não podiam satisfazer as normas Euro da fase III B (<19 g/kW hr) em toda a gama de cargas.

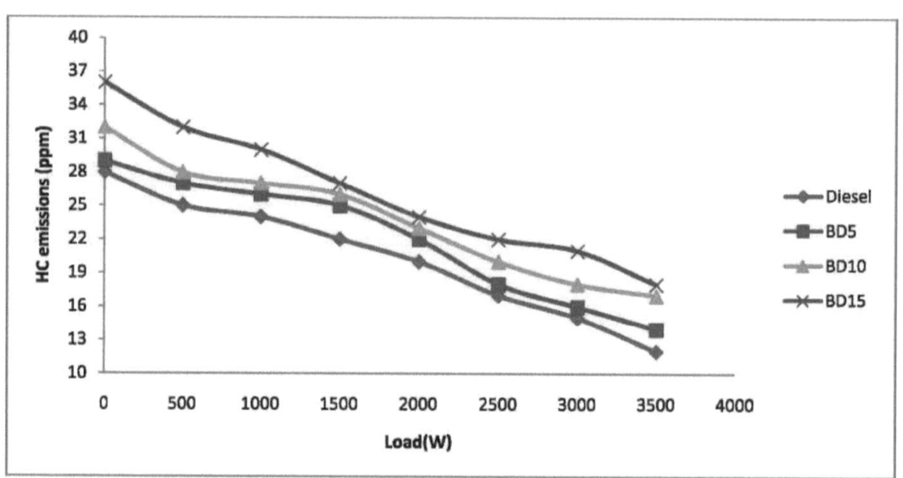

Figura 4.9 Emissões de HC para Diesel, BD5, BD10 e BD15

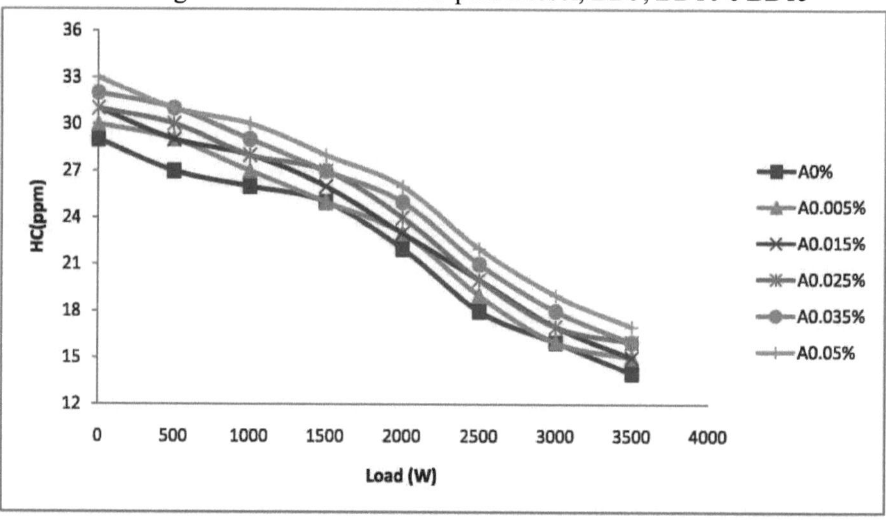

Figura 4.10 Emissões de HC para BD5 utilizando diferentes percentagens de p-fenilenodiamina

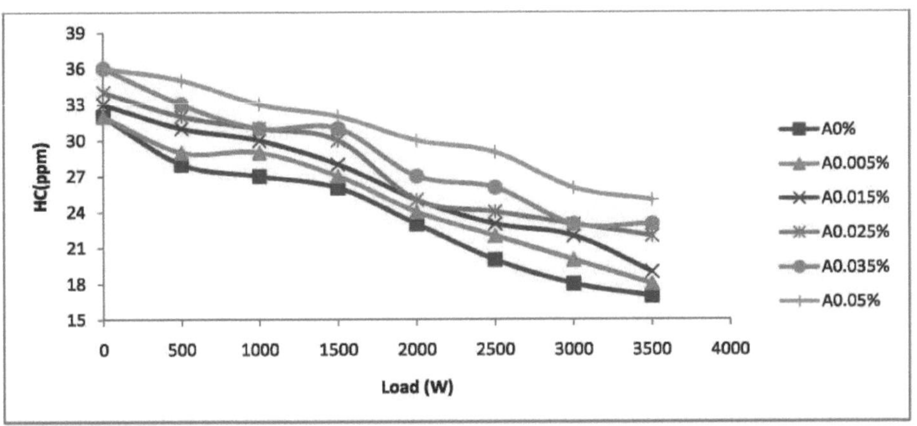

Figura 4.11 Emissões de HC para BD10 utilizando diferentes percentagens de p-fenilenodiamina

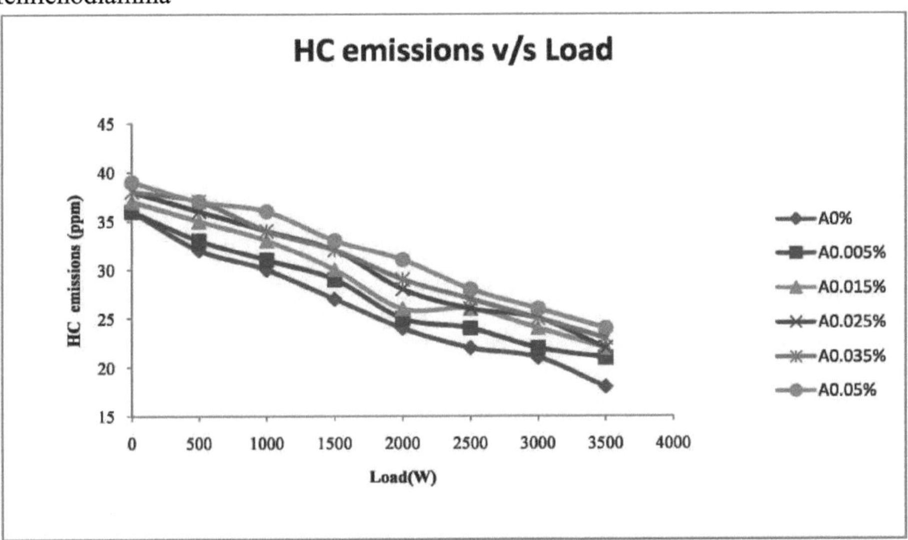


Figura 4.12 Emissões de HC para BD15 utilizando diferentes percentagens de p-fenilenodiamina

### 4.2.3 Emissões de monóxido de carbono (CO)

O monóxido de carbono (CO) ocorre apenas no escape do motor. É um produto da combustão incompleta devido a uma quantidade inadequada de ar na mistura combustível-ar ou a um tempo inadequado no ciclo para a combustão completa do combustível. O carbono contido no combustível é oxidado com o oxigénio disponível no ar, transformando-se em CO e depois em CO2. O carbono que não é convertido em

53

CO2 é libertado como CO nos gases de escape.

A baixa temperatura da chama e a relação combustível/ar demasiado rica são as principais causas das emissões de CO do motor. O aumento das emissões de CO resulta numa perda de potência do motor. Na origem da sua formação podem estar diversos factores, entre os quais um tempo de residência insuficiente, relações de equivalência demasiado baixas ou demasiado elevadas.

É apresentada a variação das emissões específicas de CO com a potência à concentração de 0,025%-m de antioxidantes. É óbvio que as emissões de CO aumentam à medida que o teor de antioxidantes no biodiesel aumenta.

O aumento é principalmente devido à combustão incompleta resultante da adição de antioxidantes. A oxidação do CO está diretamente relacionada com a quantidade de radicais OH presentes na reação. Os antioxidantes reduzem ligeiramente a oxidação do carbono ao eliminarem os radicais OH. A plena carga, as emissões de CO mais elevadas foram observadas com a p-fenilenodiamina (11,12 g/kW-hr), que registou a menor emissão. É bastante claro que as misturas de antioxidantes testadas não conseguiram cumprir as normas Euro da fase III B (<5 g/kW-hr) em toda a gama de carga.

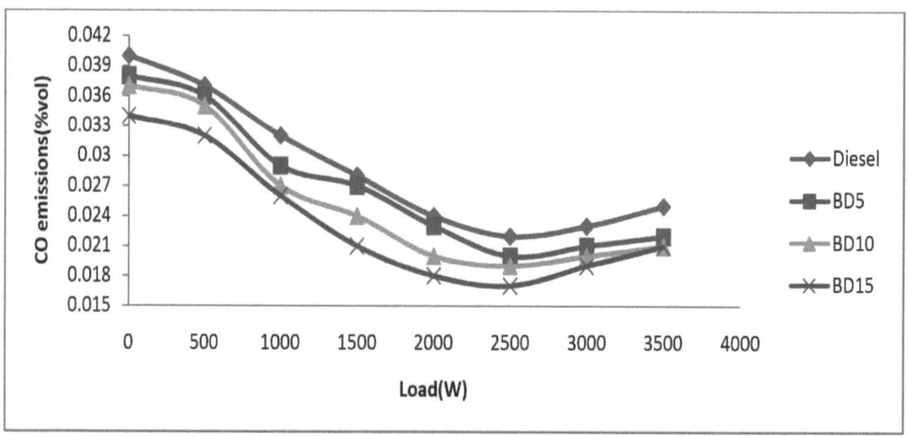

Figure 4.13   Emissões de CO para Diesel, BD5, BD10 e BD15

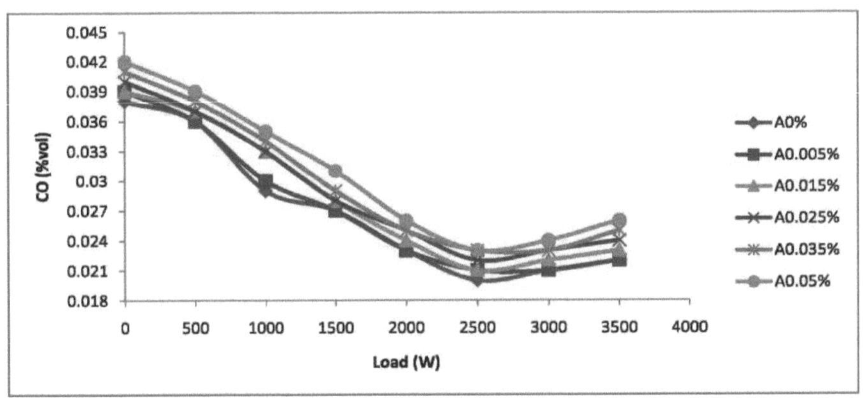

Figure 4.14   Emissões de CO para BD5 utilizando diferentes percentagens de p-fenilenodiamina

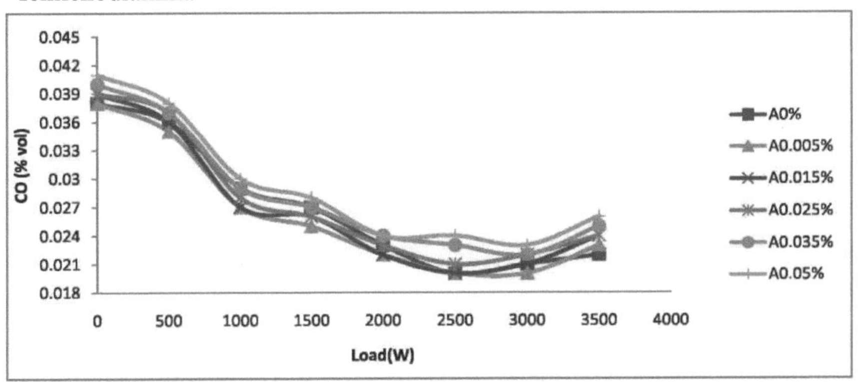

Figure 4.15   Emissões de CO para BD10 utilizando diferentes percentagens de p-fenilenodiamina

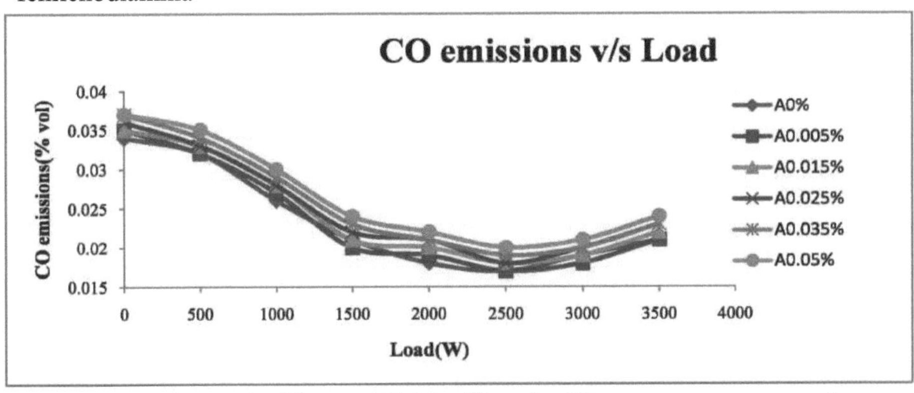


Figura 4.16 Emissões de CO para BD15 utilizando diferentes percentagens de p-henilenodiamina

A adição de antioxidantes demonstrou uma redução percentual das emissões de escape de NOx. A Figura 4.16 mostra a percentagem de redução de NOx de diferentes antioxidantes em relação ao gasóleo puro, BD5, BD10 e BD 15 a plena carga com base em dados observados em ppm. Os resultados indicam que foram observadas reduções significativas de NOx com a utilização de antioxidantes e que esta redução não está linearmente correlacionada com a quantidade de antioxidantes presentes no biodiesel. As reduções óptimas foram encontradas na concentração de 0,025%-m de aditivos. Supõe-se que a diminuição das emissões de NOx resulta da redução da formação de radicais livres pelos antioxidantes.O efeito dos antioxidantes nas emissões de NOx para o combustível de Jatropha (SVO) com 0,025%- m de antioxidante analisado. É importante notar que o nível de 0,025%-m de p-fenilenodiamina com biodiesel apresentou os melhores resultados de emissão e uma redução média de NOx de 19,49% foi observada com este aditivo. A este nível, o NOx mínimo e máximo produzido foi de 1,57 e 2,05 g/kWh, respetivamente, e também cumpre as normas de emissão III B Euro [14] (<3,3 g/kWh) para motores não rodoviários. As normas da fase III são introduzidas gradualmente de 2006 a 2013. A fenilenodiamina é o antioxidante primário mais utilizado nas indústrias de polímeros e borracha e a sua atividade antioxidante é implementada pela doação de um eletrão ou átomo de hidrogénio a um derivado radicalar. A cinética envolvida no mecanismo de redução do NOx pela p-fenilenodiamina é altamente complexa e a compreensão da química envolvida nestes processos é limitada. A benzoquinonediimina, um produto da reação da p-fenilenodiamina, tem propriedades antioxidantes potentes que capturam eficazmente os radicais livres. A etilenodiamina é um aditivo de óleo lubrificante muito comum que controla os depósitos no sistema de combustível e também reduz eficazmente a fricção entre o cilindro do motor e os anéis do pistão. A etilenodiamina é um poderoso agente quelante que reduz as concentrações de radicais livres através da quelação dos catalisadores metálicos.

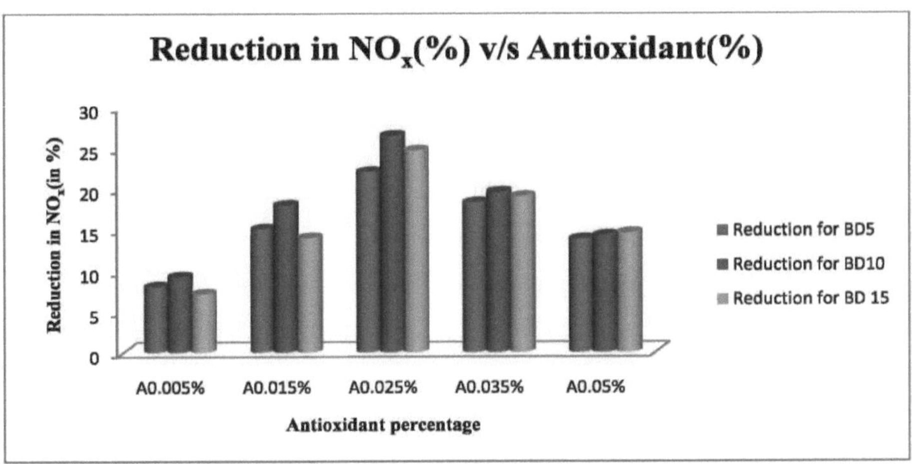


Figura 4.17 Reduções percentuais de NOx com diferentes percentagens de p-fenilenodiamina

# CAPÍTULO 5

**Conclusão**

Neste trabalho, foram estudados os efeitos da adição de antioxidantes nas emissões de NOx, CO e HC num motor a gasóleo alimentado a Jatropha (SVO) e a gasóleo de combustão interna a diferentes cargas. Os resultados mostram o potencial benefício dos aditivos antioxidantes para a redução de NOx em motores diesel alimentados a biodiesel. As principais conclusões deste estudo podem ser resumidas da seguinte forma.

1. Os antioxidantes atualmente estudados são bastante eficazes no controlo das formações de NOx. No entanto, têm um aumento significativo das emissões de CO e HC.

2. Entre todos os antioxidantes testados, a p-fenilenodiamina apresentou o melhor desempenho em termos de emissões em comparação com as misturas de gasóleo de Jatropha (SVO). Mostrou uma redução óptima de NOx a um nível de 0,025%-m. A eficiência de redução de NOx dos antioxidantes foi observada para a p-fenilenodiamina, a percentagem média de redução de NOx em relação às misturas puras é de 22%, 23,69 e 24,58%, respetivamente, a uma concentração de 0,025%-m em massa.

3. Não se observam grandes alterações na eficiência térmica com a utilização de diferentes percentagens de antioxidante.

4. A ligeira diminuição do BSFC foi observada com a p-fenilenodiamina, o que significa uma ligeira redução do consumo específico de combustível em comparação com a mistura de Jatropha (SVO) pura.

# CAPÍTULO 6

## Referências


[1]Jinlin Xuea, Tony E. Grift e Alan C. Hansen, "Effect of Biodiesel on Engine Performances and Emissions", Renewable and Sustainable Energy Reviews (2011) 1098-1116

[2]Srinivasa Rao Konuru, Yogeswar Dadi, Shaik Khadar Basha, Jitendra Gottipati e Krishna Prasad Seethamraju, "Making of Bio-Diesel & Increasing Efficiency of Engine", International Journal of Emerging Technology and Advanced Engineering 3 (2013)

[3]P.V. Ramana, P. Ramanath Reddy, C. Balaram e A. Sharath kumar, "Estudo experimental sobre o desempenho do motor de combustão interna utilizando misturas de biodiesel", International Research Journal of Engineering and Technology, 2 (2015)

[4]E.L. Oliveira e P. C. L. M. Da Silva, "Comparative study of Calorific Value of Rapeseed, Soybean, Jatropha Curcas and Crambe Biodiesel", International Conference on Renewable Energies and Power Quality (2013)

[5]K. Varatharajan a, M. Cheralathan b, R. Velraj c, "Mitigation of NOx emissions from a jatropha biodiesel fuelled DI diesel engine using antioxidant additives", Fuel 90 (2011) 2721-2725

[6]Mohd Hafizil Mat Yasin, Rizalman Mamat, Ahmad Fitri Yusop, Perowansa Paruka, Talal Yusaf e Gholamhassan Najafi, "Effects of Exhaust Gas Recirculation (EGR) on a Diesel Engine fuelled with Palm-Biodiesel", Energy Procedia 75 (2015)30-36.

[7]Avinash Kumar Agrawal, Sharwan Kumar Singh, Shailendra Sinha e Mritunjay Kumar Shukla, "Effect of EGR on the exhaust gas temperature and exhaust opacity in compression ignition engines", *Sadhana* Vol. 29, Part 3, junho de 2004, pp. 275-284.

[8]B. Yin, J. Wang, K. Yang e H. Jia, "Otimização da estratégia de injeção dividida e EGR para a combustão a diesel a baixa temperatura em veículos ligeiros",

Jornal Internacional de Tecnologia Automóvel, Vol. 15, N.º 7, pp. 1043-1051 (2014).

[9] Metin Gumus, Cenk Sayin e Mustafa Canakci, "The impact of fuel injection pressure on the exhaust emissions of a direct injection diesel engine fueled with biodiesel-diesel fuel blends", Fuel 95 (2012) 486-494

[10] Kavati Venkateswarlu*1, Bhagavathula Sree Rama Chandra Murthy2 e Vissakodeti Venkata Subbarao3 ," The Effect of Exhaust Gas Recirculation and Di-Tertiary Butyl Peroxide on Diesel-Biodiesel Blends for Performance and Emission Studies ", International Journal of Advanced Science and Technology Vol. 54, May, 2013

[11] M. Gomaa, A.J. Alimin, K.A. Kamarudin," The effect of EGR rates on NOX and smoke emissions of an IDI diesel engine fuelled with Jatropha biodiesel blends", Volume 2, Issue 3, 2011 pp.477-490

[12] M. K. Duraisamy[1] , T. Balusamy[2] e T. Senthilkumar[3] ' Redução deNO$_x$ 55 no motor de ignição por compressão alimentado a óleo de sementes de Jatropha, Vol. 6, N.º 5, maio 2011

[13] S.M. Palash , M.A. Kalam, H.H. Masjuki, M.I. Arbab, B.M. Masum, A. Sanjid, "Impacto do aditivo antioxidante redutor de NOx no desempenho e nas emissões de um motor diesel multi-cilindros alimentado com misturas de biodiesel de Jatropha", Energy Conversion and Management 77 (2014) 577-585

[14] S. Roy*, A. K. Das e R. Banerjee, "Grey-Fuzzy Taguchi approach for multi-objective optimization of performance and emission parameters of a single cylinder CRDI engine coupled with EGR", International Journal of Automotive Technology, Vol.17, No. 1, pp. 1-12 (2016).

[15] S. Kim, S. Choi e H. Jin, "Controlo coordenado baseado no modelo de pressão do VGT e do Dual-Loop EGR num sistema de caminho de ar de um motor diesel", International Journal of Automotive Technology, Vol. 17, No. 2, pp. 193-203 (2016).

[16] Athanasios G. Konstandopoulos, Margaritis Kostogloul, Carlo Beatrice,

Gabriele Di Blasio, Abdurrahman Imren5 e Ingemar Denbratt, "Impact of Combination of EGR, SCR, and DPF Technologies for the Low-Emission Rail Diesel Engines", Emiss. Control Sci. Technol. (2015) 1:213-225.

[17] S. M Palash n, M.A. Kalam, H.H. Masjuki, B.M. Masum, I.M. Rizwanul Fattah, M. Mofijur ," Impacts of biodiesel combustion on NOx emissions and their reduction approaches ",Renewable and sustainable energy review 23 (2013)473-490

[18] S. Saravanan, "Effect of EGR at advanced injection timing on combustion characteristics of diesel engine", Alexandria Engineering Journal (2015) 54, 339-342.

[19] M. L. Mathur, R. P. Sharma, "Motor de combustão interna (2012)", Publicações Dhanpat Rai, 328-347

[20] V Ganesan, "Internal Combustion Engines (2015)", McGraw Hill Education, 163-187

[21] Joseph Heitner, "Automotive mechanics (2004)", CBS publishers and distributers pvt.ltd., 12-57

[22] http://www.afdc.energy.gov/laws/391 recuperado em 02-03-2017

[23] http://www.indexmundi.com/energy.aspx?country=in&product=oil&graph= production recuperado em 01-04-2017

[24] http://www.indexmundi.com/energy.aspx?country=in&product=oil&graph= consumo recuperado em 01-02-2017

[25] https://www.quora.com/What-is-the-difference-between-brake-specific-fuel-consumption-B SF C-and-brake-specific-energy-consumption-B SEC-BSFC-calorific-value-of-fuel recuperado em 11-04-2017

[26] http://www.engineeringtoolbox.com/fuels-higher-calorific-values-d_169.html recuperado em 01-02-2017

[27] http://en.wikipedia.org/wiki/Sustainable_energy recuperado em 13-03-2017

[28] http://www.gktoday.in/quiz-questions/currently-which-of-the-following-

countries-is-the-largest-oil-supplier-to-india/ recuperado em 13-03-2017

[29]  http://www.tradingeconomics.com/india/imports recuperado em 13-03-2017

[30]  https://en.wikipedia.org/wiki/Brake_specific_fuel_consumption recuperado em 08-04-2017

[31]  http://www.greencarcongress.com/2006/ll/comparing recuperado em 02-04- 2017

# CAPÍTULO 7

**Apêndice A: Dados da produção de petróleo bruto da Índia**

| Sr. No. | Year | Production (Thousand Barrels per Day) | Change |
|---|---|---|---|
| 1. | 1980 | 182 | - |
| 2. | 1981 | 325 | 78.57% |
| 3. | 1982 | 390 | 20.00% |
| 4. | 1983 | 480 | 23.08% |
| 5. | 1984 | 519 | 8.13% |
| 6. | 1985 | 620 | 19.46% |
| 7. | 1986 | 630 | 1.61% |
| 8. | 1987 | 609 | -3.33% |
| 9. | 1988 | 635 | 4.27% |
| 10. | 1989 | 700 | 10.24% |
| 11. | 1990 | 660 | -5.71% |
| 12. | 1991 | 615 | -6.82% |
| 13. | 1992 | 561.15 | -8.76% |
| 14. | 1993 | 534 | -4.84% |
| 15. | 1994 | 589.9 | 10.47% |
| 16. | 1995 | 703.45 | 19.25% |
| 17. | 1996 | 651.02 | -7.45% |
| 18. | 1997 | 674.62 | 3.63% |
| 19. | 1998 | 661.42 | -1.96% |
| 20. | 1999 | 652.66 | -1.32% |

| 21. | 2000 | 646.34 | -0.97% |
| 22. | 2001 | 642.4 | -0.61% |
| 23. | 2002 | 664.75 | 3.48% |
| 24. | 2003 | 660.03 | -0.71% |
| 25. | 2004 | 683.11 | 3.50% |
| 26. | 2005 | 664.66 | -2.70% |
| 27. | 2006 | 688.61 | 3.60% |
| 28. | 2007 | 697.53 | 1.30% |
| 29. | 2008 | 693.71 | -0.55% |
| 30. | 2009 | 680.43 | -1.91% |
| 31. | 2010 | 751.3 | 10.42% |
| 32. | 2011 | 782.34 | 4.13% |
| 33. | 2012 | 776.97 | -0.69% |
| 34. | 2013 | 772.08 | -0.63% |

**Apêndice B: Dados sobre o consumo de petróleo bruto na Índia**

| Sr. No. | Year | Production (Thousand Barrels per Day) | Change |
|---|---|---|---|
| 1. | 980 | 643 | - |
| 2. | 1981 | 729 | 13.37% |
| 3. | 1982 | 737 | 1.10% |
| 4. | 1983 | 773 | 4.88% |
| 5. | 1984 | 824 | 6.60% |
| 6. | 1985 | 894.9 | 8.60% |

| 7. | 1986 | 947.44 | 5.87% |
| 8. | 1987 | 987.85 | 4.27% |
| 9. | 1988 | 1,083.78 | 9.71% |
| 10. | 1989 | 1,149.78 | 6.09% |
| 11. | 1990 | 1,168.33 | 1.61% |
| 12. | 1991 | 1,190.32 | 1.88% |
| 13. | 1992 | 1,274.91 | 7.11% |
| 14. | 1993 | 1,311.07 | 2.84% |
| 15. | 1994 | 1,413.27 | 7.80% |
| 16. | 1995 | 1,654.67 | 17.08% |
| 17. | 1996 | 1,740.92 | 5.21% |
| 18. | 1997 | 1,835.49 | 5.43% |
| 19. | 1998 | 1,924.37 | 4.84% |
| 20. | 1999 | 2,031.25 | 5.55% |
| 21. | 2000 | 2,147.44 | 5.72% |
| 22. | 2001 | 2,263.73 | 5.42% |
| 23. | 2002 | 2,333.44 | 3.08% |
| 24. | 2003 | 2,426.33 | 3.98% |
| 25. | 2004 | 2,571.55 | 5.99% |
| 26. | 2005 | 2,550.25 | -0.83% |
| 27. | 2006 | 2,701.63 | 5.94% |
| 28. | 2007 | 2,888.06 | 6.90% |
| 29. | 2008 | 2,957.30 | 2.40% |
| 30. | 2009 | 3,067.78 | 3.74% |
| 31. | 2010 | 3,115.45 | 1.55% |
| 32. | 2011 | 3,280.98 | 5.31% |
| 33. | 2012 | 3,450.00 | 5.15% |
| 34. | 2013 | 3,509.00 | 1.71% |

Table 1:  Eficiência térmica do travão em função da carga para o gasóleo, BD5, BD10 e BD15 sem utilização de antioxidante

| Load(W) | Efficiency (%) Diesel | Efficiency (%) BD5 | Efficiency (%) BD10 | Efficiency (%) BD15 |
|---|---|---|---|---|
| 0 | 0 | 0 | 0 | 0 |
| 500 | 5.34 | 4.97 | 4.89 | 4.67 |
| 1000 | 10.26 | 9.86 | 9.54 | 8.74 |
| 1500 | 13.23 | 12.49 | 12.03 | 11.54 |
| 2000 | 16.39 | 15.51 | 14.86 | 14.02 |
| 2500 | 19.25 | 18.86 | 18.03 | 17.54 |
| 3000 | 19.21 | 18.81 | 17.96 | 17.51 |
| 3500 | 19.15 | 18.76 | 17.94 | 17.46 |

Table 2:  Eficiência térmica do travão com diferentes cargas para BD5 e diferentes percentagens de p-fenilenodiamina

| Load(W) | A0% | A0.005% | A0.015% | A0.025% | A0.035% | A0.05% |
|---|---|---|---|---|---|---|
| 0 | 0 | 0 | 0 | 0 | 0 | 0 |
| 500 | 4.97 | 4.88 | 4.75 | 4.73 | 4.7 | 4.68 |
| 1000 | 9.86 | 9.82 | 9.62 | 9.55 | 9.46 | 9.33 |
| 1500 | 12.49 | 12.43 | 12.39 | 12.31 | 12.25 | 12.11 |
| 2000 | 15.51 | 15.35 | 15.21 | 15.06 | 15.01 | 14.82 |
| 2500 | 18.86 | 18.75 | 18.65 | 18.62 | 18.45 | 18.34 |
| 3000 | 18.83 | 18.71 | 18.59 | 18.6 | 18.42 | 18.33 |
| 3500 | 18.81 | 18.65 | 18.55 | 18.56 | 18.37 | 18.28 |

Table 3: Eficiência térmica do travão com diferentes cargas para BD10 e diferentes percentagens de p-fenilenodiamina

| Load(W) | A0% | A0.005% | A0.015% | A0.025% | A0.035% | A0.05% |
|---|---|---|---|---|---|---|
| 0 | 0 | 0 | 0 | 0 | 0 | 0 |
| 500 | 4.89 | 4.83 | 4.65 | 4.62 | 4.55 | 4.41 |
| 1000 | 9.54 | 9.41 | 9.3 | 9.25 | 9.11 | 9.03 |
| 1500 | 12.03 | 11.95 | 11.87 | 11.82 | 11.75 | 11.67 |
| 2000 | 14.86 | 14.74 | 14.59 | 14.51 | 14.44 | 14.32 |
| 2500 | 18.03 | 17.94 | 17.78 | 17.69 | 17.45 | 17.41 |
| 3000 | 18.01 | 17.91 | 17.72 | 17.62 | 17.41 | 17.35 |
| 3500 | 17.95 | 17.88 | 17.69 | 17.57 | 17.36 | 17.3 |

Table 4: Eficiência térmica do travão com diferentes cargas para BD15 e diferentes percentagens de p-fenilenodiamina

| Load(W) | A0% | A0.005% | A0.015% | A0.025% | A0.035% | A0.05% |
|---|---|---|---|---|---|---|
| 0 | 0 | 0 | 0 | 0 | 0 | 0 |
| 500 | 4.67 | 4.6 | 4.56 | 4.48 | 4.39 | 4.32 |
| 1000 | 8.74 | 9.15 | 9.05 | 8.89 | 8.8 | 8.73 |
| 1500 | 11.54 | 11.03 | 10.94 | 10.85 | 10.81 | 10.74 |
| 2000 | 14.02 | 13.88 | 13.74 | 13.68 | 13.65 | 13.61 |
| 2500 | 17.01 | 16.55 | 16.42 | 16.38 | 16.29 | 16.21 |
| 3000 | 16.59 | 16.49 | 16.38 | 16.32 | 16.25 | 16.17 |
| 3500 | 16.5 | 16.46 | 16.35 | 16.27 | 16.19 | 16.12 |

Table 5:   Emissões de NOx em função da carga para o gasóleo, BD5, BD10 e BD15 sem utilização de antioxidante

| Load (W) | Diesel | BD5 | BD10 | BD15 |
|---|---|---|---|---|
| 0 | 56 | 79 | 101 | 136 |
| 500 | 77 | 109 | 136 | 150 |
| 1000 | 105 | 143 | 180 | 201 |
| 1500 | 128 | 178 | 210 | 254 |
| 2000 | 189 | 219 | 280 | 327 |
| 2500 | 251 | 281 | 301 | 350 |
| 3000 | 278 | 302 | 324 | 371 |
| 3500 | 288 | 319 | 351 | 399 |

Table 6:   Emissões de NOx com diferentes cargas para BD5 e diferentes percentagens de p-fenilenodiamina

| Load | A0% | A0.005% | A0.015% | A0.025% | A0.035% | A0.05% |
|---|---|---|---|---|---|---|
| 0 | 79 | 62 | 51 | 39 | 44 | 55 |
| 500 | 109 | 94 | 82 | 65 | 77 | 83 |
| 1000 | 143 | 131 | 116 | 104 | 112 | 121 |
| 1500 | 178 | 155 | 141 | 126 | 133 | 144 |
| 2000 | 219 | 201 | 186 | 171 | 179 | 186 |
| 2500 | 281 | 265 | 248 | 233 | 244 | 248 |
| 3000 | 302 | 288 | 264 | 251 | 263 | 274 |
| 3500 | 319 | 300 | 289 | 274 | 281 | 294 |

Table 7:   Emissões de NOx com diferentes cargas para BD10 e diferentes percentagens de p-fenilenodiamina

| Load | A0% | A0.005% | A0.015% | A0.025% | A0.035% | A0.05% |
|------|-----|---------|---------|---------|---------|--------|
| 0 | 101 | 84 | 71 | 56 | 66 | 77 |
| 500 | 136 | 121 | 103 | 85 | 98 | 111 |
| 1000 | 180 | 159 | 125 | 113 | 136 | 148 |
| 1500 | 210 | 181 | 162 | 138 | 151 | 174 |
| 2000 | 280 | 264 | 243 | 211 | 235 | 244 |
| 2500 | 301 | 278 | 251 | 221 | 248 | 264 |
| 3000 | 324 | 303 | 287 | 275 | 283 | 290 |
| 3500 | 351 | 320 | 304 | 287 | 299 | 307 |

Table 8:   Emissões de NOx com diferentes cargas para BD15 e diferentes percentagens de p-fenilenodiamina

| Load | A0% | A0.005% | A0.015% | A0.025% | A0.035% | A0.05% |
|------|-----|---------|---------|---------|---------|--------|
| 0 | 136 | 118 | 103 | 71 | 87 | 101 |
| 500 | 150 | 131 | 113 | 85 | 103 | 116 |
| 1000 | 201 | 181 | 165 | 134 | 151 | 162 |
| 1500 | 254 | 238 | 221 | 201 | 213 | 221 |
| 2000 | 327 | 306 | 274 | 241 | 257 | 271 |
| 2500 | 350 | 331 | 305 | 276 | 291 | 303 |
| 3000 | 371 | 348 | 336 | 307 | 317 | 325 |
| 3500 | 399 | 379 | 366 | 335 | 354 | 371 |

Table 9:   Emissões de HC em função da carga para o gasóleo, BD5, BD10 e BD15 sem utilização de antioxidante

| Load (W) | Diesel | BD5 | BD10 | BD15 |
|---|---|---|---|---|
| 0 | 28 | 29 | 32 | 36 |
| 500 | 25 | 27 | 28 | 32 |
| 1000 | 24 | 26 | 27 | 30 |
| 1500 | 22 | 25 | 26 | 27 |
| 2000 | 20 | 22 | 23 | 24 |
| 2500 | 17 | 18 | 20 | 22 |
| 3000 | 15 | 16 | 18 | 21 |
| 3500 | 12 | 14 | 17 | 18 |

Table 10:   Emissões de HC com diferentes cargas para BD5 e diferentes percentagens de p-fenilenodiamina

| Load(W) | A0% | A0.005% | A0.015% | A0.025% | A0.035% | A0.05% |
|---|---|---|---|---|---|---|
| 0 | 29 | 30 | 31 | 31 | 32 | 33 |
| 500 | 27 | 29 | 29 | 30 | 31 | 31 |
| 1000 | 26 | 27 | 28 | 28 | 29 | 30 |
| 1500 | 25 | 25 | 26 | 27 | 27 | 28 |
| 2000 | 22 | 23 | 23 | 24 | 25 | 26 |
| 2500 | 18 | 19 | 20 | 20 | 21 | 22 |
| 3000 | 16 | 16 | 17 | 17 | 18 | 19 |
| 3500 | 14 | 15 | 15 | 16 | 16 | 17 |

Table 11:   Emissões de HC com diferentes cargas para BD10 e diferentes percentagens de p-fenilenodiamina

| Load | A0% | A0.005% | A0.015% | A0.025% | A0.035% | A0.05% |
|---|---|---|---|---|---|---|
| 0 | 32 | 32 | 33 | 34 | 36 | 36 |
| 500 | 28 | 29 | 31 | 32 | 33 | 35 |
| 1000 | 27 | 29 | 30 | 31 | 31 | 33 |
| 1500 | 26 | 27 | 28 | 30 | 31 | 32 |
| 2000 | 23 | 24 | 25 | 25 | 27 | 30 |
| 2500 | 20 | 22 | 23 | 24 | 26 | 29 |
| 3000 | 18 | 20 | 22 | 23 | 23 | 26 |
| 3500 | 17 | 18 | 19 | 22 | 23 | 25 |

Table 12:   Emissões de HC com diferentes cargas para BD15 e diferentes percentagens de p-fenilenodiamina

| Load(W) | A0% | A0.005% | A0.015% | A0.025% | A0.035% | A0.05% |
|---|---|---|---|---|---|---|
| 0 | 36 | 36 | 37 | 38 | 38 | 39 |
| 500 | 32 | 33 | 35 | 36 | 37 | 37 |
| 1000 | 30 | 31 | 33 | 34 | 34 | 36 |
| 1500 | 27 | 29 | 30 | 32 | 32 | 33 |
| 2000 | 24 | 25 | 26 | 28 | 29 | 31 |
| 2500 | 22 | 24 | 26 | 26 | 27 | 28 |
| 3000 | 21 | 22 | 24 | 25 | 25 | 26 |
| 3500 | 18 | 21 | 22 | 22 | 23 | 24 |

Table 13:   Emissões de CO em função da carga para o gasóleo, BD5, BD10 e BD15 sem utilização de antioxidante

| Load (W) | Diesel | BD5 | BD10 | BD15 |
|---|---|---|---|---|
| 0 | 0.04 | 0.038 | 0.037 | 0.034 |
| 500 | 0.037 | 0.036 | 0.035 | 0.032 |
| 1000 | 0.032 | 0.029 | 0.027 | 0.026 |
| 1500 | 0.028 | 0.027 | 0.024 | 0.021 |
| 2000 | 0.024 | 0.023 | 0.02 | 0.018 |
| 2500 | 0.022 | 0.02 | 0.019 | 0.017 |
| 3000 | 0.023 | 0.021 | 0.02 | 0.019 |
| 3500 | 0.025 | 0.022 | 0.021 | 0.021 |

Table 14:   Emissões de CO com diferentes cargas para BD5 e diferentes percentagens de p-fenilenodiamina

| Load | A0% | A0.005% | A0.015% | A0.025% | A0.035% | A0.05% |
|---|---|---|---|---|---|---|
| 0 | 0.038 | 0.039 | 0.039 | 0.04 | 0.041 | 0.042 |
| 500 | 0.036 | 0.036 | 0.037 | 0.037 | 0.038 | 0.039 |
| 1000 | 0.029 | 0.03 | 0.033 | 0.033 | 0.034 | 0.035 |
| 1500 | 0.027 | 0.027 | 0.028 | 0.028 | 0.029 | 0.031 |
| 2000 | 0.023 | 0.023 | 0.024 | 0.025 | 0.025 | 0.026 |
| 2500 | 0.02 | 0.021 | 0.021 | 0.022 | 0.023 | 0.023 |
| 3000 | 0.021 | 0.021 | 0.022 | 0.023 | 0.023 | 0.024 |
| 3500 | 0.022 | 0.022 | 0.023 | 0.024 | 0.025 | 0.026 |

Table 15:   Emissões de CO com diferentes cargas para BD10 e diferentes
percentagens de p-fenilenodiamina

| Load | A0% | A0.005% | A0.015% | A0.025% | A0.035% | A0.05% |
| --- | --- | --- | --- | --- | --- | --- |
| 0 | 0.038 | 0.038 | 0.039 | 0.039 | 0.04 | 0.041 |
| 500 | 0.036 | 0.035 | 0.036 | 0.037 | 0.037 | 0.038 |
| 1000 | 0.029 | 0.027 | 0.027 | 0.028 | 0.029 | 0.03 |
| 1500 | 0.027 | 0.025 | 0.026 | 0.026 | 0.027 | 0.028 |
| 2000 | 0.023 | 0.022 | 0.022 | 0.023 | 0.024 | 0.024 |
| 2500 | 0.02 | 0.02 | 0.02 | 0.021 | 0.023 | 0.024 |
| 3000 | 0.021 | 0.02 | 0.021 | 0.022 | 0.022 | 0.023 |
| 3500 | 0.022 | 0.023 | 0.024 | 0.024 | 0.025 | 0.026 |

Table 16:   Emissões de CO com diferentes cargas para BD15 e diferentes
percentagens de p-fenilenodiamina

| Load | A0% | A0.005% | A0.015% | A0.025% | A0.035% | A0.05% |
| --- | --- | --- | --- | --- | --- | --- |
| 0 | 0.034 | 0.035 | 0.035 | 0.036 | 0.037 | 0.037 |
| 500 | 0.032 | 0.032 | 0.033 | 0.033 | 0.034 | 0.035 |
| 1000 | 0.026 | 0.027 | 0.028 | 0.028 | 0.029 | 0.03 |
| 1500 | 0.021 | 0.02 | 0.021 | 0.022 | 0.023 | 0.024 |
| 2000 | 0.018 | 0.019 | 0.02 | 0.021 | 0.021 | 0.022 |
| 2500 | 0.017 | 0.017 | 0.018 | 0.018 | 0.019 | 0.02 |
| 3000 | 0.019 | 0.018 | 0.019 | 0.02 | 0.02 | 0.021 |
| 3500 | 0.021 | 0.021 | 0.022 | 0.023 | 0.023 | 0.024 |

Printed by Books on Demand GmbH, Norderstedt / Germany